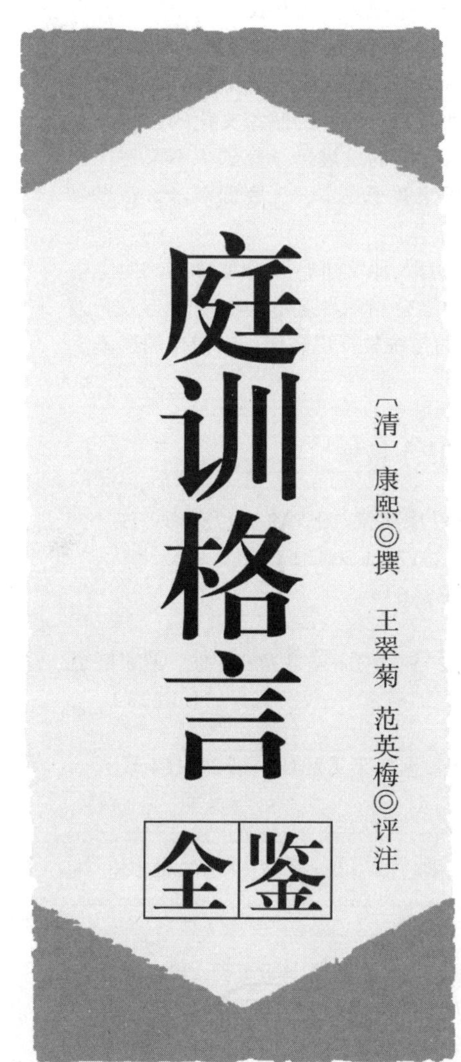

中国纺织出版社

内容提要

《庭训格言》一书系清代雍正皇帝根据其父康熙在日常生活中对皇族子孙的训诫追述而成，共246条，涉及为政、修身、养生、读书、尊贤敬老、生活常识等诸多方面，语言质朴，内容丰富。这些训诫带有浓厚的儒家文化的影响，其对清皇室子弟的教育和清王朝的发展延续起到了不可替代的作用。作为一部传统的皇家教子秘本，《庭训格言》在当今仍然具有较高的借鉴价值。

本书作者对《庭训格言》原文进行了分类整理，使主题集中，思想鲜明，并紧密结合当前社会的发展变化与人们教育下一代的困惑，对康熙的传统教育思想作了时代化的解读。

图书在版编目（CIP）数据

庭训格言全鉴 /（清）康熙撰；王翠菊，范英梅评注. —北京：中国纺织出版社，2017.1（2022.1 重印）

ISBN 978-7-5180-3031-6

Ⅰ.①庭… Ⅱ.①康… ②王… ③范… Ⅲ.①家庭道德—中国—清前期 ②《庭训格言》—注释 Ⅳ.① B823.1

中国版本图书馆 CIP 数据核字（2016）第 242164 号

策划编辑：张永俊　　责任编辑：张永俊　　责任印制：储志伟

中国纺织出版社出版发行
地址：北京市朝阳区百子湾东里 A407 号楼　邮政编码：100124
销售电话：010 — 67004422　传真：010 — 87155801
http: //www.c-textilep. com
E-mail: faxing@c-textilep. com
中国纺织出版社天猫旗舰店
官方微博 http://weibo.com/2119887771
佳兴达印刷（天津）有限公司印刷　各地新华书店经销
2017 年 1 月第 1 版　2022 年 1 月第 4 次印刷
开本：710 × 1000　1/16　印张：18
字数：216 千字　定价：48.00 元

前言

《庭训格言》一书系清代雍正皇帝根据其父康熙在日常生活中对皇族子孙的训诫追述而成，共辑录康熙对子孙的训诫246条，内容包括为政、修身、养生、读书、尊贤敬老、教育子女、谋略才艺以及各种生活知识、民族风情、地域文化等。康熙一生掌握权柄长达60年，在治国方面可谓卓有建树，其所开创的“康乾盛世”，不仅辉映整个清代，而且在中国历史上也是首屈一指的。

在教育子女方面，康熙也付出了很多心血。他所提出的一系列教育理念，可以说是他教育子女的经验总结。虽然他没有将这些理念亲自辑录成文字，但他的言传身教已使子女们受益匪浅。雍正皇帝文韬武略自不必说，像八王爷胤禩的治国韬略、十三王爷胤祥的精明干练、十四王爷胤禵的统军才能等，也个个都是出类拔萃的。这说明康熙对于子女的成长极为重视和关注。《庭训格言》详细地记载了康熙教育子女的言论，这些言论自雍正以来，就被清代历任皇帝作为祖训。可以说，它对清朝皇室子弟的教育甚至对爱新觉罗家族的发展和延续有着不可替代的作用。

雍正皇帝继位之后，不仅在治理国家方面继承了乃父之风，而且在教育子女方面也效法康熙。他之所以把康熙的言论编辑成书，就是希望子孙们能够遵从祖训，强身健体、建功立业，做一个于国于家都有用的人。由于雍正皇帝对《庭训格言》的重视和推广，该书在清代受到了应有的重视。雍正之后的历任皇帝都把康熙的《庭训格言》作为祖训，清朝的皇族子孙大多能文能武，很大程度上与康熙的祖训有着直接的关系。

除了清代皇族将《庭训格言》奉为圣训，晚清名臣曾国藩也极度推崇这

聖祖仁皇帝
上諭十六條
敦孝弟以重人倫
篤宗族以昭雍睦
和鄉黨以息爭訟
重農桑以足衣食
尚節儉以惜財用
隆學校以端士習
黜異端以崇正學
講法律以儆愚頑
明禮讓以厚風俗
務本業以定民志
訓子弟以禁非為
息誣告以全善良
誡匿逃以免株連
完錢粮以省催科
聯保甲以弭盜賊
解讎忿以重身命
陸潤庠敬錄

清·陆润庠书《圣谕十六条》

部书，他在致其子曾纪泽、曾纪鸿的家书中说：“吾教尔兄弟不在多书，但以圣祖之《庭训格言》、张公（张英）之《聪训斋语》二种为教，句句皆吾肺腑所欲言。”

自汉武帝“罢黜百家，独尊儒术”，儒家思想便成为历代统治者驾驭人民的主要思想工具。清王朝入主中原后，也逐渐认识到了儒家文化的重要性。《庭训格言》所体现的，正是以“儒教”为中心来实现儒家“齐家、治国、平天下”的治世理想的。《庭训格言》崇尚礼仪、讲究诚信、提倡孝道、重视修身立德，“是编也，文辞精要，意旨深长，苟能引申而扩充之，则片语能含众义，只字可扩千言，虽卷帙简约而格致诚正，修齐治平之道，无弗尧舜禹汤文武周孔之传，一以贯之矣。”康熙还曾颁布凝集了中国传统价值观之精髓的《圣谕十六条》，其中第一条便是“敦孝弟以重人伦”。由此可见儒家道德思想对于康熙理家治国的影响。

本书在以《钦定四库全书荟要》中的《圣祖仁皇帝庭训格言》为底本的基础上，参考和借鉴了新疆人民出版社出版的《康熙家教大全》、中州古籍出版社出版的《庭训格言》以及北京时代华文书局出版的《康熙圣思录》等版本的优秀成果，同时结合时代的变化对于传统儒家文化思想的需求，对《庭训格言》作了新的注解。随着时代的变化和发展，以孝道、诚信、礼仪为代表的儒家传统思想，我们今天虽然仍需要大力提倡，但不可能再亦步亦趋地按照古人的方式去做，而应当赋予传统的孝道、诚信等以新的时代内容。因此，对于《庭训格言》，我们必须以与时俱进的眼光来看待它的价值与意义，进一步将其通俗化、大众化，使其在我们教育后代和应对各种社会生活问题方面发挥更大的作用。可以说，这也是本书评注者努力追求的目的所在。

毋庸讳言，康熙的《庭训格言》在当今社会依然具有重要的政治意义和教育意义。尤其是在教育下一代和处理社会关系方面，仍可以给我们提供很好的借鉴。因此，本书在吸取前人注译成果的基础上，紧密结合当前社会的发展变化与人们教育下一代的困惑，对康熙所提出的诚信、孝道、礼仪等观点作出新的理解和阐释。比如说康熙所提出的“晨昏定省”，这本是古人对父母尽孝道所必备的一种礼节，但对于今天的我们来说是难以做到的。当下，紧张的生活节奏，异地相隔的交往方式，使我们再难以像古人那样时常侍奉在父母身边。因此，我们对父母尽孝道的方式也必须随着生活的改变而改变。同时，高科技的发展为我们提供了异地沟通和交往的便利。时常给父母打个电话，发个信息，或者利用便捷的即时通信工具与父母视频聊天，或者利用快递给父母寄一些节日礼品等等，都是向父母表达孝敬之心的可行办法。凡此种种，本书都对康熙的《庭训格言》作了时代化的解读。也可以说，旧瓶新酒，以现代人的思维对《庭训格言》进行分析和解读，是本书的一大特色。

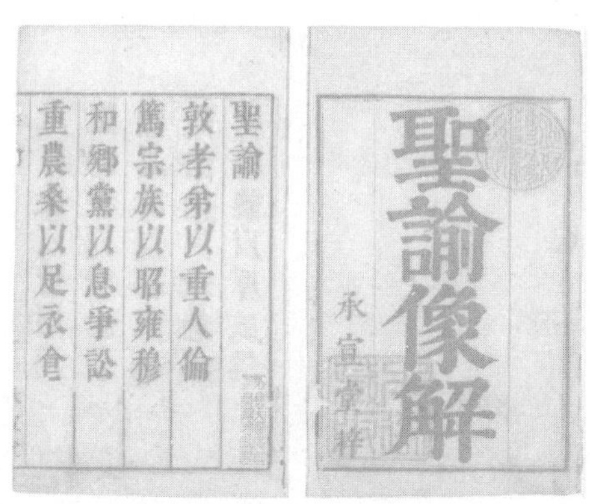
聖諭像解
承宣堂梓

聖諭
敦孝弟以重人倫
篤宗族以昭雍穆
和鄉黨以息爭訟
重農桑以足衣食

《圣谕像解》书影（清·梁延年编）

本书在编排体例与顺序安排上，改变了现有版本逐条评析的方法，同时也改变了原来格言的顺序，将同类内容集中在一起。这样，不仅使主题集中，思想鲜明，而且更有利于人们对所需内容进行分类，使多条内容共同服务于某一个主题。之所以这样安排，是为了使读者更好地把握康熙的训言与当代社会的关系，使古为今用。

由于笔者水平有限，在对《庭训格言》进行解读的时候难以面面俱到，错误和疏漏之处在所难免。恭请各位方家和广大读者批评指正。

评注者
2016 年 7 月于北京

目录

齐家治国

读书治学

立德明理

修身养性

祛病养生

谋略才艺

诚信孝道

惩恶扬善

忌奢尚俭

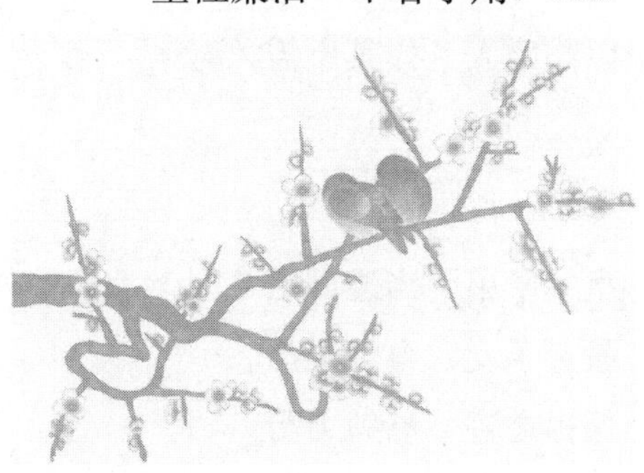

求实务用

教子管下

生活禁忌

社会科学

齐家治国

训曰：人君以天下之耳目为耳目，以天下之心思为心思，何患闻见之不广？舜惟好问好察，故能明四目、达四聪，所以称大智也。

事无大小　详之以审

训曰：凡人于事务之来，无论大小，必审之又审，方无遗虑①。故孔子云："不曰如之何如之何者，吾末如之何也已矣。"诚至言②也。

【注释】

①遗虑：留下后患。

②至言：高明、精深玄妙的言论。

【译文】

训言说：凡是对于面临的各种事务，无论它是大还是小，我们都一定要反复审查，才不会留下后患。所以，孔子说："遇事不说怎么办怎么办的人，我对他也不知道该怎么办了。"这的确是高明的言论。

【解读】

无论做什么事，都应当先弄清原因，然后再仔细审查所做的事情有无疏漏之处。只有这样，才能将事情办得尽如人意。小到处理个人的生活琐事，大到处理国家大事，都应当仔细斟酌，以减少过失。然而，在现实生活中，却很少有人能够真正做到这一点。人们处理事情，不是抓了大事而忽略了小事，就是因小失大得不偿失。之所以难以做到彼此兼顾，其根本原因就是没有做到对所面对的事情进行反复审查，从而造成了办事不力的后果。《左传·庄公十年》载：当曹刿问鲁庄公"何以战"之时，直到鲁庄公说出"小大之狱，虽不能察，必以情"，曹刿才说出"忠之属也，可以一战"，并请求随军出战。由此可见古人处理事情的审慎态度。康熙这种"无论大小，必审之又审"的处理事情的审慎态度，对于我们今天处理事情，仍然是一个很好的借鉴。

大小事务　必搜本源

训曰：朕初次南巡阅河，各样船俱试坐之，皆不甚妥。厥后[①]，朕亲指示作黄船，尽善尽美[②]，极其坚固。虽遇大风浪，坐此船毫无可虑也。朕于大小事务，必搜其本原，复谘[③]于众，然后行之。

【注释】

①厥后：从那以后。

②尽善尽美：极其完善，极其美好。指完美到没有任何缺点。出自《论语·八佾》："子谓《韶》：'尽美矣，又尽善也。'谓《武》：'尽美矣，未尽善也。'"

③谘：同"咨"。咨询、商议。

【译文】

训言说：我第一次南巡视察河流的时候，各种船只都曾经尝试坐过，感觉都不很稳妥。从那以后，我亲自指示制作黄船，这种船可以说尽善尽美，特别坚固，即便遇到大风大浪，坐这种船也可以毫无顾虑。我在大小事务方面，必定搜寻它的本源，再向众人咨询意见，然后才付诸行动。

孔子像

【解读】

孔子曾言："三人行，必有吾师焉。择其善者而从之，其不善者而改之。"唐代文学家韩愈也说："人非生而知之者，孰能无惑？惑而不从师，其为惑也，终不解矣。"向别人征求意见是解决困惑的最好方法，无论做什么事情，都应当多问、多听、多思。

康熙作为一个英明睿智的皇帝，尚能大小事务必搜其本源，再向人咨询，然后才付诸行动，我们一般人更应如此。人没有生来就无所不知、无所不能的，只有通过凡事多探究其源、多思、多问，才能够使自己在处理诸多事情的过程中变得聪明起来，提高办事效率，避免做无效或者无益的事情。

无适无莫　义之于比

训曰：天下事固有一定之理，然有一等事，如此似乎可行，又有不可行之处；有一等事，如此似乎不可行，又有可行之处。若此等事，在以义理揆[①]之，决不可豫定[②]一必如此必不如此之心。是故孔子云："君子之于天下也，无适也，无莫也，义之与比。"

【注释】

①揆（kuí）：度，揣测。

②豫定：事先决定。

【译文】

天下的事固然有一定的道理，然而有一种事，像这样似乎可行，但又有不可行的地方；也有一种事，像这样似乎不可行，但又有可行的地方。像这类事情，在于用义理来揣度它，绝不可事先决定某一种是否必定这样的先见。所以，孔子说："君子对于天下而言，没有什么事情适合自己做，也没有什么事情不可以做，一切以合理为原则。"

【解读】

任何事情都不是绝对的，都有其适用的范围。从某一方面来说可以做，从另一方面来说却又行不通。这就要求人们对于具体事情应有所分析和区别，可行者行之，不可行者弃之。我们行事处世，应当顺应事物发展的规律，选择可行的方面去做，以求趋利避害。"世上无难事，只怕有心人。"找对了方向和目标，再付出应有的努力，那么再大的困难也会迎刃而解。

好问好察　耳聪目明

训曰：人君以天下之耳目为耳目，以天下之心思为心思，何患闻见之不广？舜[①]惟好问好察，故能明四目、达四聪[②]，所以称大智也。

训曰：舜好问而好察迩言[③]，不自用而好问，固美矣；然不可不察其是否也。故又继之以好察。孟子论用人、用刑则曰："询之左右及诸大夫及国人，可谓不自用、不偏听，而谋之广矣。然终必继之以察，而实见其可否，然后信之。"至若舜又曰："官占惟先蔽志[④]，昆命于元龟。朕志先定，询谋佥同[⑤]，鬼神其依，龟筮协从。"箕子亦曰："汝则有大疑，谋及乃心，谋及卿士，谋及庶人[⑥]，谋及卜筮。"此则又先断之以己意，然后参之于人与鬼神。可见古之圣人或先参众论，而后审之以独断；或先定己见，而后稽之于鬼神。其慎重不苟如此。盖众谋独断，不容偏废，但先后异用，而随事因时可耳。

帝舜

【注释】

①舜：传说中上古的贤明君主之一，与尧和禹齐名。

②四聪：能远闻四方的听觉。《书·舜典》："明四目，达四聪。"

③迩言：浅近之言，平常之语。

④蔽志：古人占卜时用的一种方法。见于《左传·哀公十八年》：君子曰："惠王知志。《夏书》曰：'官占唯能蔽志，昆命于元龟。'其是之调乎！"杜预注："官占，卜噬之官。蔽，断也。昆，后也。言先断意，后用龟也。"

⑤询谋佥同：指向人征询的意见与自己一致。

⑥庶人：泛指没有官爵的平民百姓。

【译文】

训言说：为人之君，应当以天下的耳目为自己的耳目，以天下人的心思为自己的心思，何必担心自己闻见不广？上古时期的贤明君主舜喜欢问询于人和观察，因而眼睛明亮，耳朵灵敏，所以称这种智为大智。

训言说：舜喜欢征询别人的意见，同时也注意访察身边人说的话。不自以为是，而是喜欢向他人请教，这固然是一种美德；然而，难以分辨别人所说的话是否正确。因此，必须继续进行考察。孟子在论及用人、用刑时说："能够向身边的人以及诸大夫与国人询问，可以称得上不自以为是、不偏听偏信，并且他的考虑也周全广泛了。然而，最终还必须对听到的意见继续深入考察，实际验证是否可行，然后才能相信它。"至于舜又说："卜官占卜唯有先作出决定，然后再向用以卜噬的龟问命，我的心志已经先行决定，征求大家的意见也都与我相同，连鬼神都依从我的意志，卜噬的结果与我的心志相合。"箕子也说："你如果有大的疑虑，先自己在心里谋划清楚，然后认真倾听卿士以及普通百姓的意见，最后再进行卜噬。"这种方法就是自己先通过认真思考作出决定，然后再参考他人的意见，并且问及于鬼神。由此可见，古代的圣人或者事先参考众人的言论，对众人的言论详加审查，然后自己再作出决定；或者是自己先作出决定，然后再据众人的意见以及鬼神的指示进行核实。可见其谨慎小心，丝毫不苟且马虎。这大概是因为众人的意见和个人作出主观的判断和决定，不容许有丝毫的偏废，只不过是谁先谁后的问题而已，因此，只要做到因事因时而采取不同的方法就可以了。

【解读】

康熙在训教子孙的过程中，一再强调广听博闻的重要性。作为一个执政者，只有"以天下人耳目为耳目，以天下人心思为心思"，才能够制定出符合人民心意的政策，赢得人民的拥护与支持。听天下人所言，想天下人所想，以免闭塞言路，从而使自己心明眼亮，有为而治。历史上的夏桀、商纣王等昏庸暴虐的君王，都是由于不听天下人之言，从而招致亡国身死的。正如召公所言："防民之口，甚于防川。川壅即溃，伤人必多。"是否听得进天下人的言论，是否想天下人所想，不仅是衡量一国之君是否贤明的标志，同时也

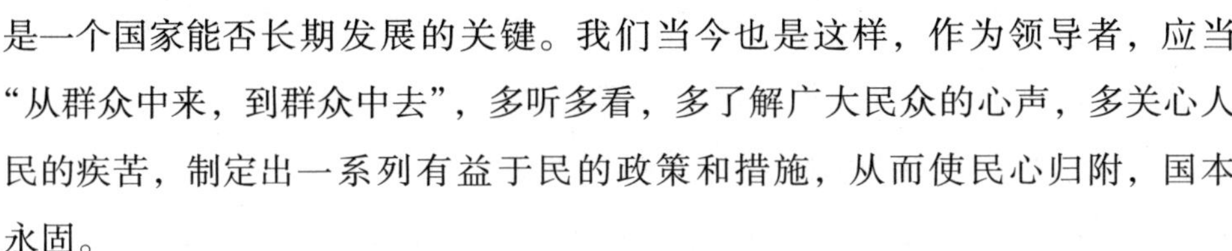

是一个国家能否长期发展的关键。我们当今也是这样，作为领导者，应当“从群众中来，到群众中去”，多听多看，多了解广大民众的心声，多关心人民的疾苦，制定出一系列有益于民的政策和措施，从而使民心归附，国本永固。

好言好事　无憾盛世

训曰：春至时和，百花尚铺一段锦绣[①]，好鸟且啭[②]无数佳音，何况为人在世，幸遇升平[③]，安居乐业。自当立一番好言，行一番好事，使无愧于今生，方为从化之良民[④]，而无憾于盛世矣。朕深望之。

【注释】

①锦绣：花纹色彩鲜艳的丝织品。多用来比喻美丽或者美好的事物。此指百花盛开时景色的美丽。

②啭：鸣叫。

③升平：太平。

④从化之良民：听从教化的顺民。

【译文】

春天来临，季节变暖，各种花尚且能够以其鲜艳的姿色为山河装点绚丽的景色，各种鸟儿还能放开歌喉唱出美妙的声音，何况作为人生活在世上，有幸遇到太平盛世，有舒适的住宅和一份能够乐享其成的家业，自然应当立一些好的言论，做一番好的事情，使自己无愧于今生，才能够成为听从教化的安善良民，从而无愧于当今的盛世。我殷切希望这种结果早日实现。

【解读】

花鸟尚知以美景佳音回报春天，人逢盛世，更应当以实际行动称颂当今的盛世。康熙所说的“立好言”、“行好事”、做一个“从化之良民”，与古人所言的“立功”、“立言”、“立德”如出一辙。孔子云：“邦有道，则仕；邦无道，则可卷而怀之。”这段训言，至今仍具有教育意义和现实意义。我们当今也是生逢盛世，也应当立好言，行好事，做一个有利于国家的安善良民。虽然目前我们的国家还有许多不尽如人意之处，但俗话说得好，“子不嫌母丑，狗不嫌家贫。”祖国养育了我们，我们应当懂得感恩。一言一行都要对如何发展我们的国家有利，而不是崇洋媚外，看不起我们自己的祖国。

经典之书　治世大法

训曰：《书经》者，虞、夏、商、周治天下之大法也。《书传序》云：“二帝三王①之治本于道，二帝三王之道本于心，得其心则道与治固可得而言矣。”盖道心为人心之主，而心法为治法之原。精一执中者，尧、舜、禹相授之心法也。建中建极者，商汤、周武相传之心法也。德也、仁也，敬与诚也，言虽殊而理则一。所以明此心之微妙也，帝王之家所必当讲读，故朕训教汝曹，皆令诵习，然《书》虽以道政事，而上而天道，下而地理，中而人事，无不备于其间，实所谓贯三才②而亘万古者也。言乎天道，《虞书》之治历明时可验也；言乎地理，《禹贡》之山川田赋可考也；言乎君道，则典、谟、训、诰之微言可详也；言乎臣道，则都俞吁咈③、告诫敷陈之忠诚可见也；言乎理数，则箕子《洪范》之九畴可叙也；言乎修德立功，则六府三事④、礼乐兵农历历可举也。然则帝王之家固必当讲读，即仕宦人家有志于事君治民之责者，亦必当讲读。孟子曰：“欲为君尽君道，欲为臣尽臣道。二者皆法尧、舜而已矣。”在大贤希圣之心，言必称尧、舜，朕则兢业自勉，惟思体诸身心，措诸政治，勿负乎天佑下民、作君作师之意已耳。

伏羲像

训曰：《易》为四圣[⑤]之书，其立象、设卦、系辞，广大悉备。言其理，则无所不该；言其用，则自伏羲、神农、皇帝、尧、舜王天下之道，咸取诸此。然而深探作《易》之旨，大抵不外阴阳而配诸人事，则有吉凶悔吝之别。运数所由盛衰，风俗所由治乱，君子小人所由进退消长，鲜不于奇偶二画屈伸变易之间见之。朕惟经学为治法之要，而诗书之文、礼乐之具、春秋之行事，罔不于《易》会通。故朕研求《易》理，玩索精蕴[⑥]。前命儒臣参考诸儒注疏传义，撰为《日讲易经解义》。又命大学士李光地纂修《周易折中》。乙夜[⑦]披览，一字一画，斟酌[⑧]无忽。诚以《易》之为书，有观民设教之方，有通德类情之用，恐惧修省以治身，思患豫防以维世，所以极天人、穷性命、开物前民，通变尽利者，其理莫详于《易》。故孔子尝曰："加我数年，五十以学《易》。"盖言凡为学者不可以不学，而学又不可易视之也。

【注释】

①二帝三王：二帝：指尧帝和舜帝；三王：指夏禹、商汤、周文王。

②三才：指天、地、人。出自《周易·系辞下》："有天道焉，有地道焉，有人道焉。兼三才而两之，故六。六者非它也，三才之道也。"

③都俞吁咈：都，赞美；俞，赞同；吁，不同意；咈，反对。本来用以表示尧、舜、禹等讨论政事时发言的语气，后来用以赞美君臣论政问答，融洽雍睦。

④六府三事：六府指水、火、金、木、土、谷，这是人们生活所需要的物资。三事指正德、利用、厚生，这是治理人民的三件政事。出自《尚书·大禹谟》："地平天成，六府三事允治，万事永赖。"

⑤四圣：这里指儒家四圣，即伏羲、文王、周公、孔子。

⑥精蕴：精深的含义。

⑦乙夜：二更时分，大约夜里十点。《旧唐书·李百药传》："杂以文咏，间以玄言，乙夜忘疲，中宵不寐。"

⑧斟酌：反复思考之后再作决定。

【译文】

训言说：《书经》是虞、夏、商、周时期治理天下的大法。《书传序》

文王塑像

说："二帝三王治理天下的方法本原于道，而二帝三王的道又本原于心，如果能懂得二帝三王之心，那么道与治则可以言说了。"道心是人心的主宰，而心法是治理天下方法的本原。精诚专一、持平执中，是唐尧、虞舜、夏禹等递相传授的心法。建立法度，使天下之人不失其所，是商汤与周武王所传授的心法。德、仁以及敬与诚，虽然说法不同，但其中的道理则是相一致的，都是为了阐明心的微妙。因此，帝王之家必须对它进行讲论研读，所以，我训教你们这些人，都让你们诵读学习。然而，《书经》虽是谈论政事，但其上言天道，下论地理，中间论及人事，可以说无所不包，确实是贯通天、地、人三才而横亘万古啊！言及天道，《虞书》的制定历法、阐明天时的变化可以作为检验的证据；说到地理，《禹贡》的山川田赋可以考证；讲到为君之道，则典、谟、训、诰中那些精深微妙的言辞说得极为详尽；论到为臣之道，则君臣之间和睦融洽，臣下直言相劝、告诫君王的赤胆忠心卓然可见；说到理数，那么箕子《洪范》里讲到的禹治理天下的九种大法已经说得非常明白了；说到修养德行与建功立业，那么六府三事、礼乐兵农则列举得清清楚楚。如此，帝王之家固然一定要讲论研读，即便是仕宦人家有志于担当辅佐君上、治理百姓之重任的人，也必须讲论研读。孟子说："想做君主的应尽君道，想为臣的应尽臣道，这两种人都不过是效法唐尧、虞舜罢了。"在那些大贤之人与希望达到圣人境界的人中，出言必定标举唐尧、虞舜，而我则兢兢业业、自我勉励，把尧舜的思想体现在身心，施行于政治，不辜负上天安排我佑助百姓、作君作师的意愿而已。

训言说：《周易》一书是伏羲氏、周文王、周公、孔子四位圣人的经典之作。这部书中的立象、设卦、系辞，可以说博大精深、万象皆备。说到书中所蕴含的道理，可以说无所不包；说到它所起的作用，过去伏羲、神农、黄帝、尧、舜等治理天下的方法，都可以从书中找到。然而，进一步深探创作《周易》一书的宗旨，大概不外乎阴阳学说与人事的相互结合，于是

就有了吉凶灾祸的区别。由于命运和气数所导致的盛衰，社会风俗所引起的治与乱，君子与小人因此所发生的地位进退与消长变化，很少不用奇偶这两画的屈伸和变化表现出来。我只把经学作为治国的主要方法，至于诗书的文采辞藻，礼乐的器具之用，《春秋》等史书的记事原则，无不与《周易》融汇相通。因此我研求《周易》的道理，体味探索书中蕴藏的精深内容。之前我曾经命一些儒学大臣参考历代儒家所作的注疏传义，撰写《日讲易经解义》一书。又命令大学士李光地负责纂修《周易折中》，而我自己也每天晚上批阅到十点，对于每一字每一画，都仔细斟酌，不敢有丝毫的疏忽。这确实是因为《周易》的成书，既有体察民情、设立政教的方法，也有通达道德使感情产生共鸣的作用。可以使人心存畏惧、深刻反省而修身养性，思虑可能出现的忧患，随时加以预防，以维系世界的安稳。所以它在穷尽天人之间的关系、深入探究人的本性与命运、开辟物产、引导人民，通晓事物的变化以及充分开发利用资源方面，其中的道理没有比《周易》更为详尽的了。故而孔子曾言：“如果让我多活几年，那么到了五十岁时我一定去学《周易》。”这是说凡是作为学者，必须要学习《周易》，既然要学就不能轻视于它。

周公像（清人绘）

【解读】

历来人们把《尚书》《周易》等典籍奉为经典，作为经世致用的法则。在国家治理方面，经典之书的作用是功不可没的。也正因为如此，历代统治者都把经典之书作为治世的理论武器和法宝，作为一代明君的康熙也不例外。在他用来教子的《庭训格言》中，有不少涉及经典之书的言论。尤其是在如何治世方面，更体现了他对经典之书的重视。在国际形势日益复杂的今天，经典之书所提供的治国方法和治世经验，依然值得我们学习和借鉴。诸如《春秋左氏传》所涉及的各国之间的邦交关系、《论语》所言及的为人处世的经验等，在今天仍然是至为宝贵的。

法令之行　惟身先之

训曰：如朕为人上者，欲法令之行，惟身先之，而人自从。即如吃烟[①]一节，虽不甚关系，然火烛之起多由于此，故朕时时禁止。然朕非不会吃烟，幼时在养母家，颇善于吃烟；今禁人而己用之，将何以服人？因而永不用也。

训曰：凡人有训人治人之职者，必身先之可也。《大学》有云："君子有诸己，而后求诸人；无诸己，而后非诸人。"特为身先而言也。

【注释】

①吃烟：即抽烟，有的地方也叫吸烟。

【译文】

训言说：像我这样作为一国之君，要想法令得到实施，就只有自己率先身体力行，这样人们才会自然而然地跟着效法。比如抽烟这一小细节，虽然与治理国家大事并没有太大的关系，但火灾的发生，大多是由于抽烟的缘故，所以我时时加以禁止。然而，这并不是我不会抽烟，我小时候在养母家，就很喜欢抽烟。如今要禁止别人而自己却仍再抽，拿什么使人信服？因而，我从此永不再抽烟。

训言说：凡是有训教人、管理人职责的人，必须自己先做到，然后才有资格训教别人。《大学》中有句话说："君子只有自身拥有良好的德行，才能要求别人达到相应的要求；自己没有不良的嗜好和品行上的污点，然后才可以指责别人。"这是特意对以身作则的人来说的。

【解读】

制定法令，是为了一个国家的长治久安。作为法令制定者，必须自己率先遵守，才能让其他人跟着效法。孔子曾经说过："己所不欲，勿施于人。"否则，再好的法规与制度也难以让人们心悦诚服地遵守。康熙作为一代帝王，是很清楚这一点的，因此在生活中极为注意自己的一言一行，哪怕是吸烟这一极为平常的生活习惯，他都一丝不苟地认真对待。为了禁止别人抽烟，自

己率先不抽烟。这一点确实难能可贵。要禁止某一种社会现象，必须先从自己做起，这样才有说服力，才能服众。在当今，为了国家的长治久安，有许多法令法规需要推行，也同样需要领导者努力发挥示范作用，从自身做起，以得到广大民众的积极响应。

应持大体　府事允治

训曰：孟子云：“为政者，每人而悦之，日亦不足矣。”是言也，诚得为政之要道。即如近河居民，地势洼下，阴雨稍多，即觉水涝；近山居民，地势高阜[①]，数日不雨，即觉亢旱[②]。天道尚然，何况人事？故为政者应持大体，府事允治，自然万世永赖。久安长治之道，未有以政徇[③]人者也。孟子此言深切政体，特语尔等知之。

【注释】

①高阜：高起。

②亢旱：长久不下雨，干旱情况严重。

③徇：顺从，曲从。

【译文】

训言说：孟子说：“处理政事的人，要每个人都心悦诚服地佩服他，这样的日子是不多的。”这段话，确实道出了执政的重要道理。这就像住在沿河两岸的居民，居处地势低洼，阴雨天气稍微一多，就会感到雨水过多；依山而住的居民，所处的位置地势比较高，一旦连着几天不下雨，就会感到比较干旱。天地运行的自然规律尚且这样，更何况人为之事呢？所以掌管政事的人应把握总体的趋势，治理政事尽可能做到公允，自然也就能够万事永赖。天下长治久安的道理，没有拿国家政事顺从于人的。孟子这段话深深地切中了政体的要害，因而特意告诉你们，让你们知道。

【解读】

唐太宗李世民曾经说过：“为政莫若至公矣。”然而，无论做什么事

唐太宗李世民像

情，绝对的公平、平均是没有的。为政也是这样，再好的政权，也不可能让普天之下所有的人都受惠，它只不过代表了一部分人的利益，为一部分人所拥护。所以，处理政事只能把握总体趋势，尽可能地做到公允，使大多数人都得到利益。康熙这段话不仅借孟子之言道出了为政的道理，同时也说明了人只有适应社会，才能从社会中得到受益，而不能让社会适应人、满足人的一切欲求。我们当今的社会也是如此，所有的政策都是针对大多数人而言的，并不是只为某个人或者某一些人带来利益。人只有把握当前的形势，跟上时代的步伐，才能够获得应有的利益。

柔抚远人　宣教安边

训曰：尔等见朕时常所使新满洲[①]数百，勿易视之也。昔者太祖、太宗之时，得东省一二人，即如珍宝，爱惜眷养。朕自登极以来，新满洲等各带其佐领[②]或合族来归顺者，太皇太后闻之，向朕曰：“此虽尔祖上所遗之福，亦由尔抚柔远人，教化普遍，方能令此辈倾心归顺也，岂可易视之！”圣祖母因喜极降是旨也。

训曰：王师之平蜀也，大破逆贼王平藩于保宁，获苗人三千，皆释而归之。及进兵滇中，吴世璠[③]穷蹙，遣苗人济师以拒我。苗不肯行，曰“天朝活我恩德至厚，我安忍以兵刃相加遗耶？”夫苗之犷悍，不可以礼仪驯束，宜若天性然者。一旦感恩怀德，不忍轻倍主上。有内地士民所未易能者，而苗顾能之，是可取也。子舆氏不云乎：“以力服人者，非心服也，

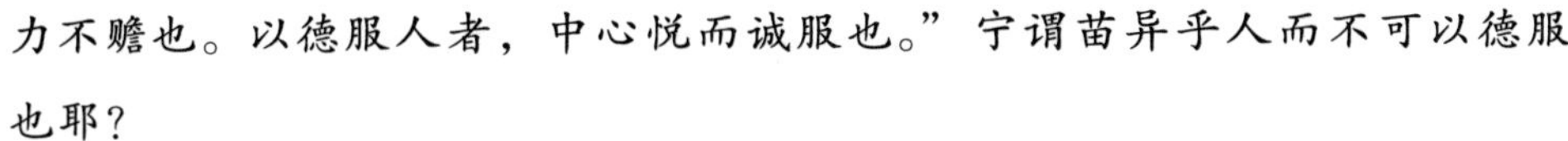
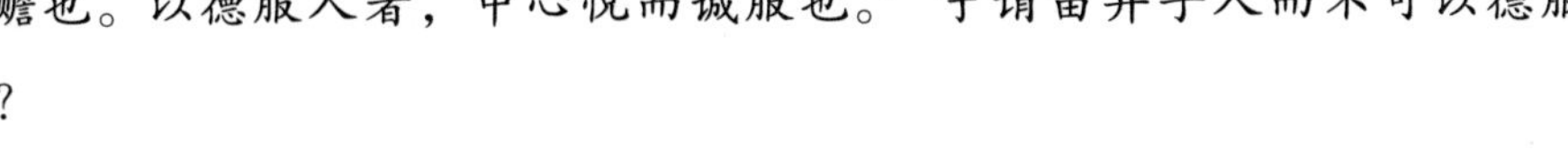

力不赡也。以德服人者，中心悦而诚服也。”宁谓苗异乎人而不可以德服也耶？

【注释】

①新满洲：又称为“伊彻满洲”，是相对于旧满洲（即佛满洲）而言的。指清军入关后被编入八旗的满洲人。

②佐领：清朝官职名，即“牛录章京”的汉译，正四品。作战时领兵官，平时为行政官，掌管所属户口、田宅、兵籍、诉讼诸事。其职多为世袭。

③吴世璠（？—1681）：平西王吴三桂之孙，吴应熊长子。康熙十七年（1678）八月吴三桂病死，吴世璠继任吴周皇帝。康熙二十年（1681），定远平寇大将军赵良栋、彰泰、赖塔等从蜀、黔、桂三路入云南，占五华山，围昆明城，城内粮食不继，文武大臣纷纷投降。十月攻破昆明，吴世璠兵败自杀。三藩之乱遂告结束。

【译文】

训言说：你们经常见我派遣数百名使者前往新满洲，不要小看这件事。过去太祖、太宗在位的时候，能够得到东三省一两个人来朝，就视如珍宝一般，爱护备至。自从我即位以来，新满洲等地的首领以及其部下佐领，或者是全族的人前来归顺我大清皇朝。太皇太后听说了这件事，高兴地对我说：“这虽然是你祖上留下来的福报，也是因为你以怀柔的政策安抚边远之人，让教化普及到全国各地，所以才能够使这些人死心塌地前来归顺。怎么可以小看这件事呢？”因为特别高兴，太皇太后才下达了这样的懿旨。

训言说：我大清义师平定四川的时候，在保宁一带大破叛逆的贼臣王平藩，俘获了三千多苗人，但都把他们释放了让其回归老家。等到我军进兵云南中部，吴世璠山穷水尽，妄图派遣苗人支持他抵抗我仁义之师。苗人不愿随他前行，说：“天朝对我有活命的深恩厚德，我们苗人怎忍心以兵戈相向来回报呢？”苗人的粗犷彪悍，是不可以用礼仪来驯服和约束的，好像他们天生就是如此。可一旦使他们感恩戴德，他们就不会轻易背叛其主。有些在内地人民和读书人所不容易做到的，苗人反而能做到，这确实是可取的地方。孟子不是曾经说过吗？“用武力迫使人驯服的，并非真正的心服，而是他们还不具备抗衡的力量。以德服人的，才会使人真正地心悦诚服。”难道说苗人不同于一般人，不能用德去征服他们吗？

【解读】

对于边远地区不归附自己的人，只靠武力压制不是办法，很多时候采取柔抚政策反而会效果更好。诸葛亮七擒孟获，终于使孟获真心臣服，不再反叛。而康熙也采取柔抚远人政策，显示了他作为一代帝王的长远眼光与宽阔的胸襟气度。他所采取的一系列安边措施和政策，仍然是一个很好的借鉴。

居安思危　静观处变

训曰：凡人于无事之时，常如有事而防范其未然[①]，则自然事不生。若有事之时，却如无事，以定其虑，则其事亦自然消灭矣。古人云：“心欲小而胆欲大。”遇事当如此处之。

【注释】

①防范其未然：即“防患于未然”，意思是在祸患发生之前就对它加以防范。

【译文】

训言说：一般人在事情还没发生的时候，应当像有事的时候一样，对可能发生的事情严加防范，那么事故也就不会发生了。如果在有事的时候，能够做到像没有事那样泰然处之，使自己内心的思虑安定下来，那么发生的事故也就会自生自灭了。古人说：“考虑事情的时候要小心谨慎周到细密，做事的时候要敢于担当不要缩手缩脚。”无论遇到什么事情都应当这样对待。

【解读】

俗话说得好：人无远虑，必有近忧。与其亡羊补牢，不如防患于未然。在事情还没发生之时就加以防范，自然也就可以避免不必要的损失。而真

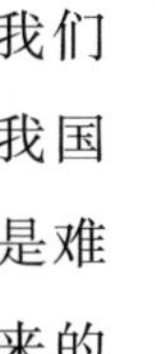

正有事时，也不要惊慌，冷静对待，就有可能大事化小，小事化了。我们当今仍然免不了要面对各种祸患，汶川地震、玉树地震等自然灾害给我国人民造成的损失提醒我们：对于灾害，我们应当及早有所防范，即便是难以阻止灾害的发生，也应当及早提醒人们采取预防措施，降低灾害带来的伤害。

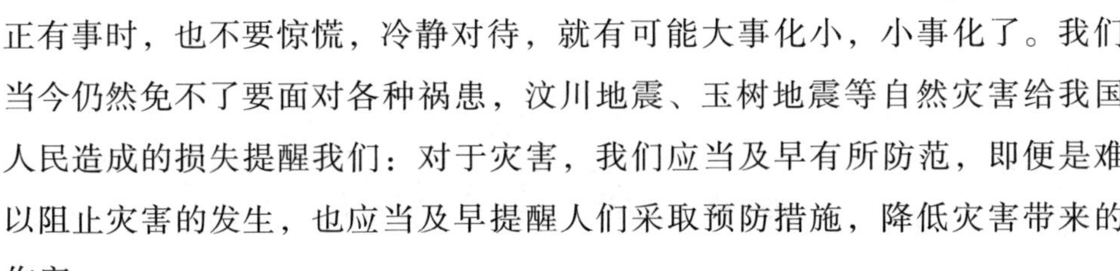

身为人君　忧心民生

训曰：孟子云："或劳心，或劳力；劳心者治人，劳力者治于人。"朕即位多年，虽一时一刻，此心不放。为人君者但能为天下民生忧心，则天自佑之。

【译文】

训言说：孟子说："有的人劳心费神，有的人消耗体力；劳心费神的人管治他人，消耗体力从事劳作的人被他人管治。"我继承大统已有多年，纵使每时每刻，也从不敢放松这种心思。作为一国之君只要能为天下的民众忧心，那么上天自然会保佑于他。

【解读】

康熙引用孟子的言论，意在说明脑力劳动与体力劳动的分工有所不同。作为一国之君，他没有时间和精力像普通民众那样身体力行地去从事体力劳动，但他能想到广大民众的疾苦，并且为之深深忧心，显示出他心系天下子民的仁君心怀。我们当今仍然存在着脑力劳动与体力劳动的差别，脑力劳动不能替代体力劳动。作为执政者，也同样应当心系天下民生疾苦，为广大民众分忧。只有这样，才能赢得广大民众的真正拥戴，从而使国运昌盛。

秋审之事　竭心尽力

训曰：世间事甚不如意者，莫过于决断[①]秋审一事。夫杀人之人，理应偿命。但为人君者于杀人之事，必以哀矜[②]之心处之。故朕每理秋审之事，无一不竭尽心力而详审之也。

【解读】

①决断：判定案情或事情。

②哀矜：哀怜，怜悯。

【译文】

训言说：世间不如人意的事情，没有比得上秋天决断死刑的案件了。那些杀人的人，按理说应当偿命。但作为一国之君，对于杀人的事，处理时一定要以一颗哀悯同情之心来对待。所以，每年处理秋审事件的时候，我都是竭尽自己的心力详细地进行审理。

【解读】

杀人偿命，历来是理所当然的。然而，那些杀人的罪犯，毕竟也是一条鲜活的生命。虽然说将其处死是他们罪有应得，但作为掌握生杀大权的人，应当抱有一颗同情之心。对于任何一桩案件，都应当竭心尽力，努力做到既不冤判一个罪犯，也不让真正的凶手逍遥法外。康熙对于杀人罪犯的哀悯与同情，以及他处理案件的审慎态度，是值得我们借鉴的。

厚待前朝　得天下正

训曰：明朝十三陵，朕往观数次，亦尝祭奠。今未去多年。尔等亦当往观祭奠。遣尔等去一两次，则地方官、看守人等皆知敬谨[①]。世祖章皇帝初进北京，明朝诸陵一毫未动。收崇祯之尸，特修陵园，以礼葬之，厥后亲往奠祭尽哀。至于诸陵亦皆拜礼。观此，则我朝得天下之正，待前朝之厚，可谓超出往古矣。

【注释】

①敬谨：恭谨。

【译文】

训言说：明朝的十三陵，我曾经多次前去观看，也曾经祭奠，可如今已经多年没有去了。你们也应当前往那里好好看看，去祭奠祭奠。派遣你们去上一两次，那么地方官、看守陵墓的人都知道恭敬和敬重。当初，世祖章皇帝进入北京的时候，对明朝的各个皇陵都纹丝未动。替崇祯皇帝收敛尸体，并且专门为他修建陵园，按礼节安葬了他，从那以后我又亲自前去祭奠以尽自己的哀思。至于明朝的其他各陵，也都以礼相拜。观看这些，则我朝得天下的正当理由，对待前朝的宽厚与仁慈，可以称得上超过往古的任何时期了。

康熙坐像

【解读】

历代王朝的更替，始于你死我活的拼杀，但这并非个人恩怨的结果，而是历史的使命所致。自古以来，成者为王，败者为寇。然而，作为胜利的一方，不是要把敌对者赶尽杀绝，那种杀之为快、暴尸荒野甚至鞭尸的做法是不足取的。康熙祭奠明陵，不仅显示了他的宽厚仁慈，而且也体现了其得人心的一面。两军征战，宁治一服不治一死。祭奠死者，实际上是做给活人看，是为了使民心真正归附自己。“前事不忘后事之师”，康熙厚待前朝的做法是深值得我们学习的，我们当今对清陵、明陵重点加以保护，也是以史为鉴，体现了对历史的尊重。

黄淮治理　关系民生

训曰：黄、淮两河，关系漕运[①]民生，最为重要。故朕不惮勤劳，屡亲巡阅，察其险易之形势，审其疏导之机宜，缓急次第[②]，具有成画。大修工程，费以数百万计，岁修帑金[③]亦以数十万计。乃康熙三十七年，黄、淮并涨，总河董安国不坚筑堤堰，疏通海口，因而河身垫高，以致倒灌洪泽湖口，湖水从六坝旁泄，由运河入下河，淹没民田。于是罢董安国，而以于成龙代之，授以治河方略。三十八年，亲往阅视，驻跸[④]清口河干，面谕于成龙：清口宜筑挑水坝，挑黄河使趋北岸，始免倒灌清口之患。而于成龙未获成功。继用张鹏翮为总河，又令大臣官员往高堰筑堤，坚闭六坝，使洪泽湖水畅出清口。仍谕张鹏翮：清口筑挑水坝，尤为紧要。此坝不筑，则黄水顶冲，断不能使向北岸，湖水必不得畅流。张鹏翮遵奉朕言，坝功筑成，黄流遂直趋陶庄，清水因以畅流。叠经伏秋大涨，并无倒灌之事。又命浚张福口等引河[⑤]，筑归仁堤，疏人字、芒稻、泾、涧等河，开大通口，皆一一告竣。曩时[⑥]黄水泛涨，或与岸平，或漫溢四出。今黄河深通，河岸距水面数十余丈，纵遇大涨，亦可无虞[⑦]。此皆由朕深念河工国家大事，夙夜廑怀[⑧]，未尝少释，且简命河臣，倚任甚切，所属官吏俱听选用，凡在河工大小官员，并皆勉力赴工，共襄河务之所致也。此系朕治河始末，特语尔等识之。

训曰：言治河者谓宜顺其入海之性，不宜障塞[9]以与之争，此但言其理耳。今河决在七里沟，去海止四十余里，若听其顺流入海，既可不劳人功，亦且永无河患，岂不甚便？但淮以北二百里之运道遂成枯渠。国计所关，故不得不使其迂回[10]而入淮河之故道，此由时势与古不同也。

【注释】

①漕运：我国古代利用水道调运粮食的一种专业运输。

②次第：顺序，次序。

③帑（tǎng）金：钱币，多指国库所藏。

④驻跸：皇帝后妃外出时途中暂停小住。

⑤引河：为引水灌溉而开挖的河道。

⑥曩（nǎng）时：过去，以前，以往。

⑦无虞：没有忧患，太平无事。

⑧廑（qín）怀：殷切挂怀。

⑨障塞：阻塞不通。

⑩迂回：曲折回旋。

【译文】

训言说：黄河、淮河两条大河，关系着水道的运输与人民的生存大计，因而最为重要。所以我不辞劳苦，多次亲自前往巡视，考察那里凶险与平坦的地势，审查疏导两河的具体措施与方针，对其治理顺序的轻重缓急，都有一套完整的规划。大规模治理两河工程所花的费用高达数百万，每年为修浚河道所花的库银粗略计算也有数十万之多。康熙三十七年，黄、淮两河同时水位上涨，两河总督董安国不组织民众修筑坚固的大堤，疏通海口，因而河床垫高，以至于奔腾的河水倒灌进洪泽湖口，使湖水从六坝的旁边倾泻而出，由运河进入下河，淹没了沿岸的农田。于是我罢了董安国的官职，让于成龙替代他，传授给他治河的方针策略。三十八年，我亲自前往两河视察，暂时驻扎在清口河岸，当面训示于成龙：在清口应当修筑挑水坝，阻遏黄河使水流向北岸。这样才能避免倒灌清口的祸患，然而于成龙并没有成功治理河道。接着又任命张鹏翮为两河总督，命令大臣官员前往高堰修筑河堤，牢牢关闭六坝，使洪泽湖的水从清口顺利流出。仍旧告诉张鹏翮：在清口修筑挑水坝，这里尤为紧要，如果不筑此坝，那么黄河的水就会迎头冲过来，从而无法使它流向北岸，一旦这样湖水必定不能畅流。张鹏翮遵从我的谕旨，终于筑坝成功。于是黄河水直接向陶庄流去，清水因而得以畅流。多次经过伏天与秋季河水猛涨，并没有发生河水倒灌的事情。我又命令疏浚张福口等为引水灌溉而开挖的河道，修筑归仁堤，疏通人字河、芒稻河、泾河、涧河等河流，开挖大通口，都一一宣告竣工。以前黄河水涨溢泛滥，有时水与岸平，有时漫溢四出。现在黄河进一步加深畅通，河岸距离水面有几十丈之高，纵然遇到河水大涨，也可以没有忧虑了。这都是由于我深切记挂着治河工程，把它作为国家大事，日夜殷切挂怀，从未曾有一点松懈，而且选派任命治河的大臣，依赖信任都至为恳切，所属官吏都听从选派任用，凡是在治河工程上的大小官员都勤勉奋力投入工程，共同致力于治河事务。这就是我治河的经过，特意告诉你们，使你们对治河的事有所了解。

训言说：倡言治河的人认为应该顺应河水奔流入海的性能，不应阻塞水流而与它争持。这只不过说的是治河的道理而已。如今黄河在七里沟决口，离大海只有四十多里，如果顺其自然让它顺流入海，就可以不用耗费人力，而且也永远没有水患，难道不是很方便吗？只不过淮河以北二百里的运道就成了一条枯渠。因为这关系到国家长远发展的大计，所以不得不让黄河里的水迂回曲折转流入淮河故道。这是由于时势的发展与古代不同的缘故。

【解读】

古往今来，黄淮治理，关系着人民的安危，关系着国计民生。尤其是黄河，自青藏高原发源直至东流大海，作为地上悬河，无数次决堤冲坝，泛滥成灾，给国家造成了巨大的灾难。因此，历代统治者都对黄淮的治理予以了高度重视。早在上古时期，尧舜就派鲧和禹治水，鲧“以息壤止水”的失败与大禹为治水“三过家门而不入”的辛苦说明：古人为治水患付出了惨痛的教训和代价。康熙对于两河治理的重视与治河的经验，很值得我们借鉴。在当今，黄淮的治理对于国计民生来说仍然是一项艰巨的任务。洪涝灾害、水源断流等也仍然严重地威胁着人民的生命与财产安全。如何顺其性又能使它造福于民？这需要我们既要借鉴古人的治河经验，又能顺应时代的发展，对黄淮两河灵活管理，该堵则堵，该疏导就疏导，该直流入海就让它直流入海，该迂回曲折就不要害怕麻烦费力。

读书治学

训曰：人心虚则所学进，盈则所学退。朕生性好问，虽极粗鄙之夫，彼亦有中理之言。朕于此等决不遗弃，必搜其源而切记之，并不以为自知自能，而弃人之善也。

为学宜早　精神专一

训曰：朕八岁登极，即知黾勉[①]学问。彼时教我句读者，有张、林二内侍，俱系明时多读书人。其教书惟以经书为要，至于诗文，则在所后。及至十七八，更笃[②]于学。逐日未理事前，五更即起诵读。日暮理事稍暇，复讲论琢磨，竟至过劳，痰中带血，亦未少辍[③]。朕少年好学如此，更耽好笔墨。有翰林沈荃，素学明时董其昌字体，曾教我书法。张、林二内侍，俱及见明时善于书法之人，亦常指示[④]，故朕之书法有异于寻常人者，以此。

训曰：人在幼稚，精神专一通利；长成以后，则思虑散逸外驰，是故应须早学，勿失机会。朕七八岁所读之经书，至今五六十年，犹不遗忘。至于二十以外所读经书，数月不温，即至荒疏矣。然人或有幼年遭逢坎壈[⑤]，失于早学，则于盛年尤当励志。盖幼而学者，如日出之光；壮而学者，如炳烛之光[⑥]。虽学之迟者，亦犹贤乎始终不学者也。

【注释】

①黾（mǐn）勉：勉励，尽力。

②笃（dǔ）：专一。

③辍：中止，停止。

④指示：指点，示范。

⑤坎壈（lǎn）：困顿，不顺利。

⑥炳烛之光：点燃蜡烛的光亮，用以比喻老年学习。典出于汉刘向《说苑》：“少而好学如日出之阳，壮而好学如日中之光，老而好学如炳烛之明。”

【译文】

训言说：我八岁登上皇位继承大统，就已经知道致力于学问。那时候教我读书断句的老师，是张、林两位内侍，他们都是明朝时期读书比较多的人。他们教我读书，主要以经书为主，至于诗文，则放在学习经书之后。等到了

十七八岁，我更加专心笃志于学问。每天在处理政事之前，五更时分就起来诵读。傍晚处理完政事之后只要稍有空闲，就进行讲论琢磨，竟然到了因为过度劳累，以至于痰中带血的程度，即便这样也没有稍作中断。我年轻的时候是这样爱好学习。同时，我更爱好翰墨。当时有翰林沈荃，平时以学习明代董其昌的字体见长，他曾经教我书法。另外，张、林两位内侍都见过明代擅长书法的人，也常常对我进行指点，所以我的书法与一般人不同，原因也正在于此。

训言说：人在幼小的时候，精神比较专一，没有私心杂念，思想通畅无阻；长大成人之后，思想就难以集中，容易意散神驰。因此读书学习以早为好，不要失去大好的学习机会。我七八岁时所读的经书，到现在已经过了五六十年了，还没有忘记。至于二十岁之后所读的经书，常常几个月不温习，就荒疏了。然而，有的人在幼年时期因为遭遇坎坷，失去了在早年学习的机会，那么在青壮年时期就应该更加发愤读书学习。幼年的时候开始学习，就好像早上初升的太阳的光芒；青壮年的时候开始学习，就如同燃起的蜡烛的光芒；即使到了衰迟之年才开始学习者，也比那些不学习的人贤明。

【解读】

少年时期，是最适合读书学习的大好时期。这是因为人在年少时思想比较单纯，没有私心杂念，精神集中。再加上少年的时候一般记忆力都比较强，学习的效果较之成年之后要好得多。故而，人们多主张立志宜当少年。康熙 8 岁登基，14 岁亲政，如此小的年纪就能够处理国家大事，拥有渊博的知识，是与他自幼勤奋好学分不开的。古诗云：“少壮不努力，老大徒伤悲。”莫要等到老大无成之时再后悔少小时期没有努力。在当今社会，人们生活条件好了，衣食无忧，绝大多数人都享有教育资源和学习条件。然而，有相当多的父母并

康熙帝读书像

没有认识到读书学习的重要。他们只知道自己拼力挣钱，让孩子不像自己当年那样吃苦，尽量满足孩子的生活需要，而忽略了孩子的教育问题。在这种情况下，孩子由于娇生惯养，又缺少必要的读书励志思想的指导，也不拿读书当回事。其结果，势必误了孩子的前途。故而，康熙所提出的读书当早的观点，不仅有着深刻的教育意义，而且有着高度的现实性，对我们今天如何教育孩子立志是一个很好的借鉴。

惑则求明　错即改之

训曰：朕自幼读书，间有一字未明，必加寻绎[①]，务至明惬[②]于心而后已。不特读书为然，治天下国家亦不外是也。

训曰：顷因刑部汇题[③]内有一字错误，朕以朱笔改正发出。各部院本章[④]，朕皆一一全览。外人谓朕未必通览，每多疏忽。故朕于一应本章，见有错字，必行改正；翻译不堪者，亦改削之。当用兵时，一日三四百本章，朕悉亲览无遗。今一日中仅四五十本而已，览之何难？一切事务，总不可稍有懈慢[⑤]之心也。

【注释】

①寻绎：反复探索，推求。

②惬：满足，畅快。

③汇题：汇齐题奏。清代办理一些事务时，有归口集中汇题之制，即不需要有关官员或有关衙门各自题奏。

④本章：即奏章。

⑤懈慢：懒惰，散漫。

【译文】

训言说：我从小读书，偶尔有一个字不明白，一定会反复推求、探索，务必达到明白、内心满意的程度才肯罢休。不仅是读书是这样，治理国家也不例外。

训言说：近来因刑部呈上来的汇题中错了一个字，我便用红笔改正过来再发出去。各部各院的奏章，我也都逐一通览。外人认为我不一定都能通览，因而多有疏忽。所以，我对于所有的奏章，只要看到有错字，一定进行改正；对于那些翻译得不好的文字，也一定进行删改。当年战争发生之时，一天多达三四百本奏章，我全都仔细看过，从不遗漏一份。如今一天到晚仅读四五十份而已，读完它们有什么困难呢？无论对待什么事情，都不要存有懈怠、散漫之心。

【解读】

读书学习要想学有所得没有别的诀窍，唯有不懂的意思一定要弄懂，错误的字一定要纠正。千万别把不懂的东西搁置一边不理，就这么糊弄过去。康熙这种读书、处理事情一丝不苟的作风很值得我们学习。尤其是对于那种认为错一个字没什么关系的麻痹思想，是一个很好的鞭策。《左传》云：“知错能改，善莫大焉。”金无足赤，人无完人，谁都有犯错的时候。可贵的是有错能够改正，哪怕是一个字也不要放过。如果以这种一丝不苟的精神用来学习，用来做任何事情，还有什么做不好呢！

已若不知　难断人非

训曰：尔等惟知朕算术之精，却不知我学算之故。朕幼时，钦天监汉官与西洋人不睦，互相参劾①，几至大辟②。杨光先、汤若望于午门外九卿前当面赌测日影，奈九卿中无一知其法者。朕思已不知，焉能断人之是非，因自愤而学焉。今凡入算之法，累辑成书，条分缕析，后之学此者视此甚易，谁知朕当日苦心研究之难也。

【注释】

①参劾：弹劾，向上揭发官吏的罪状。

②大辟：古代五刑之一，后泛指死刑。

【译文】

训言说：你们只知道我精通推算历象之术，却不知道我学习推算的缘故。

我小时候，钦天监汉官与西洋人不和，互相弹劾，几乎酿成死罪。杨光先与汤若望在午门外当着满朝文武的面赌测日影，然而九卿之中没有一个懂得他们测量日影的方法的。我想自己如果不知道，怎么能够断定别人的对错呢，因此就自己发奋努力学习它。如今，大凡推算历象的方法，已经连续辑录成书，有条有理地逐步分析，以后的学者再看这方面的东西觉得很容易，可谁又知道我当时苦心研究的难处呢！

【解读】

康熙下苦功夫学习推算历象之术的经历说明：作为一个执政者，应当熟悉各种知识。否则，如果连自己都不懂，就无法断定别人的对错。只有各门知识都熟悉甚至精通，才有可能在处理事情的过程中分清是非，作出公正合理的判断。作为一代帝王，康熙不仅在政治方面有过人的韬略，而且对于各种技艺都有所涉猎，这一点很值得我们现代人学习。自古以来，艺不压身。多了解、学习一种技艺，多掌握一种技能，就多一种谋生的本领。

人心谦虚　学问则进

训曰：人心虚则所学进，盈[①]则所学退。朕生性好问，虽极粗鄙[②]之夫，彼亦有中理之言。朕于此等决不遗弃，必搜其源而切记之，并不以为自知自能，而弃人之善也。

训曰：朕幼年习射，耆旧[③]人教射者，断不以朕射为善。诸人皆称曰善，彼独以为否，故朕能骑射精熟。尔等甚不可被虚意承顺[④]赞美之言所欺。诸凡学问，皆应以此存心可也。

【注释】

①盈：本义是盛满容器，这里指自满、满足。

②粗鄙：粗俗鄙陋。

③耆旧：年高望重者。

④承顺：敬奉恭顺。

【译文】

训言说：人的内心谦虚，学习就会有所进步，骄傲自满就会退步。我生性勤学好问，即便是最为粗鄙的人，他有时候也会说出合乎情理的话。对于这些，我决不把它丢弃在一边置之不理，一定要搜寻到他这番话的根源，并且将它牢记在心里。从不认为自己都知道或者有能力做到，而将别人的长处丢弃。

训言说：我从幼年起开始学习射箭，年高有声望的教我射箭的人，绝对不认为我的箭术好。一般人都称赞说："好！"他们却敢于说众人不敢说的话，反而认为我射的不好，所以我才能够把骑马、射箭都练习得精熟。你们这些人千万不要被虚意的奉承和赞美的言辞所欺骗。一切学问，都应当存有这种心才可以虚心求之。

【解读】

谦虚，不仅是一种美德，而且也会让当事者受益。《尚书》云："谦受益，满招损。"所说的就是这个道理。学问永远都是没有止境的，只有不耻下问，虚心向人学习，才能有所进步。孔子云："三人行，必有我师。"唐代大文学家韩愈也说："是故弟子不必不如师，师不必贤于弟子。"故而康熙所说的"虽极粗鄙之夫，彼亦有中理之言"，深刻阐明了古圣先贤们关于虚心诚意拜师的观点。能否虚心向人求教，能否听得进别人的批评，是一个人不断进步的关键。这一点，康熙确实为后人作出了极好的榜样，很值得我们学习。

读书明理　至关重要

训曰：读古人书，当审其大义之所在，所谓一以贯之[①]也。若其字句之间，即古人亦互有异同，不必指摘辩驳，以自伸一偏之说。

训曰：读书以明理为要。理既明，则中心有主而是非邪正自判[②]矣。遇有疑难事，但据理直行，得失俱可无愧。《书》云："学于古训乃有获。"凡圣贤经书，一言一事，俱有至理。读书时便宜留心体会，此可以为我法，此可以为我戒。久久贯通，则事至物来，随感即应，而不待思索矣。

训曰：凡看书不为书所愚，始善。即如董子所云“风不鸣条，雨不破块[③]，谓之升平世界”，果使风不鸣条，则万物何以鼓动发生？雨不破块，则田亩如何耕作布种？以此观之，俱系粉饰[④]空文而已。似此者，皆不可信以为真也。

【注释】

①一以贯之：用根本性的事理贯通事情的始末或所有道理。

山中勤读图（陈少梅）

②自判：自我分析和判断。

③风不鸣条，雨不破块：鸣，发出声响。条，植物细长的枝条。破，冲破，冲毁。块，土块，指田地。意思是没有大风吹响细柔的树枝，没有暴雨冲毁农田。比喻社会安定，风调雨顺。语出董仲舒《雨雹对》。

④粉饰：本义为涂饰表面、打扮、装饰，引申为夸大事实或妄自造作。

【译文】

训言说：读古人的书，应当详细探究书中所蕴含的大义之所在，这就是所谓的一以贯之。比如字句之间，即便是古人也会互有异同，没有必要对其指摘辩驳，来申述一己之见。

训言说：对于读书来说，重要的是能够明白道理。道理既然已经明白，心中也就有了主见，是非邪正也就能够自我判断了。遇到有疑难的事情，只要依据道理直接行事，无论是得是失都可以做到无愧于心。《尚书》说：“学习古人的教训才能够有所收获。”凡是圣贤所留下的经书，一句话或者一件事情，都包含有深刻的道理。这就需要我们读书的时候仔细斟酌处理，用心体会，这些都可以成为我们所遵循的法则，成为我们所借鉴的经验，长久地融会贯通，于是就会事至物来，随感随应，而不需要等待思索了。

训言说：凡是看书能够做到不为书所愚才好。正像董仲舒所说的“风不鸣条，雨不破块，谓之升平世界”，如果真的风不吹动树木的枝条发出响声，那么万物依靠什么来鼓动发生呢？如果雨不击碎土块，那么田亩又怎样耕作播种呢？由此来看，都只不过是一些粉饰性的空文罢了。像这样的言语，都不可以信以为真。

【解读】

读书的目的，是为了明白道理，提高自己的知识水平和文化修养，从而提高对事物的是非曲直进行自我判断的能力。然而，并非书中所有的道理都是真理，都是正确的。即便是正确的道理，也都有一定的适用范围，并非放之四海而皆准，不应盲目地崇信，还应当通过事实去检验。孟子云：“尽信书，则不如无书。”意思是说读书时应当对书中的内容加以分析，不要迷信书本，更不能生搬硬套，要以辩证的眼光看待问题。康熙所说的“看书不为书所愚始善”，与孟子所言如出一辙，都强调了辩证地看待书中的观点、灵活掌握和运用的重要性。这些观点，对于我们今天读什么样的书、如何读书有很大的启发。

为学之功　在于日新

训曰：为学之功，不在日用之外。检身则谨言慎行[①]，居家则事亲敬长，穷理则读书讲义。至近至易，即今便可用力；至急至切，即今便当用力。用一日之力，便有一日之效。至有所疑，寻人问难，则长进通达，自不可量。若即今全不用力，蹉过[②]少壮时光，即使他日得圣贤而师之，亦未必能有益也。

训曰：为学之功，有三等焉：汲汲[③]然者，上也；悠悠[④]然者，次也；懵懵[⑤]然者，又其次也。然而懵懵者非不向学，心未达也；诱而达之，安知懵懵者之不为汲汲也。惟悠悠者最为害道，因循苟且，一暴十寒[⑥]，以至皓首没世，亦犹夫人而已。古之圣人，进修贵勇，如汤之《盘铭》曰："苟日新，日日新，又日新。"夫岂有瞬息悠悠之意哉！孔子曰："有能一日用其力于仁矣乎？"盖深悯学者之悠悠，而冀其奋然用力也。学而能日新，则缉熙[⑦]不已，造次无忘，旧习渐渐而消，至趣循循[⑧]而入，欲罢不能，莫知所以然而然。故诗人美汤曰"圣敬日跻"也。

训曰：《易》云："日新之谓盛德。"学者一日必进一步，方不虚度时日。大凡世间一技一艺，其始学也，不胜其难，似万不可成者，因置而不学，则终无成矣。所以初学贵有决定不移之志，又贵有勇猛精进之心，尤贵有贞常永固、不退转之念。人苟能有决定不移之志，勇猛精进，而又贞常永固、毫不退转，则凡技艺焉有不成者哉！

【注释】

①谨言慎行：指言语行动小心谨慎。

②蹉过：错失，错过。

③汲汲：汲，本义是从井里打水。汲汲，形容急切的样子。

④悠悠：悠闲自在。

⑤懵懵：糊里糊涂。

⑥一暴十寒：今作"一曝十寒"，原指虽然是比较容易生长的植物，晒一天，冻十天，也不可能生长。多用来比喻学习或工作时而勤奋，时而懒散，没有恒心。出自《孟子·告子上》："虽有天下易生之物也，一日暴之，十日寒之，未有能生者也。"

⑦缉熙：光明。

⑧循循：有顺序的样子。

【译文】

训言说：治学的功夫，并不存在于日常生活所用之外。检点自身就要在言谈举止方面小心谨慎，在家要侍奉双亲、尊敬长辈，穷究道理则要阅读诗书、谈论道义。最为切近容易的事情，现在就可以放手去做；最为急迫紧要的事情，现在就应当努力去做。使用一天的力量，就会有一天的功效。遇到疑问，向人问询自己难以解决的事情，就会有所长进，通达事理，所得到的，自然不可限量。如果现在一点也不用功努力，一旦错过青少年时期的大好时光，即便是今后有圣贤之人做他的老师，也未必会有什么长进。

训言说：治学有三等：急切地追求学问的为上等；不慌不忙、悠闲自在的为中等；稀里糊涂、茫然不知所措的为下等。然而，茫然不知所措的人并非不向往学习，而是他们的内心还没有达到对学习应有的认识，如果通过诱导能够使他们明白，又怎能知道稀里糊涂者不能成为迫切向学的人呢？只有对学习抱着悠闲自得态度的人对学道最为不利，这些人做事马虎，得过且过，时而上心，时而又丢在一边，以至于到老都默默无闻，和普通人没什么两样。古代的圣人，进德修业贵在努力进取、勇于创新。就像汤《盘铭》所说："苟能天天更新，就要天天更新，还要再天天更新。"这哪里有片刻怠慢的意思呢！孔子说："有谁能够一整天都把他的精力用在仁德方面呢？"这是对那些在学习方面持无所谓态度的人报以深深的怜悯之心，希望他们奋发努力。如果学习且每天都能有所更新，那么就会常有光明。即便是匆匆忙忙也会使学过的东西牢记在心，以前的不良习惯也会逐渐改掉，学习的兴趣也会循序渐进，此时就是想不学习都不行，不知道为何会这样却又必须这样坚持下去。因此诗人赞美商汤说："圣明恭敬而且天天上进啊！"

松下读易（陈少梅）

训言说：《周易》说："每天有新的变化就称为盛德。"做学问的人一天必须前进一步，才称得上不虚度时光。大概世间的一技一艺，人们开始学它之时，往往不知道它到底有多难，好像万难学成一般，因而就把它放在一边不去学，结果没有最终学成。因此，初学者的可贵之处在于拥有既然决定便坚定不移的志气，同时又拥有勇猛向前、精诚进取的毅力，尤其是能够拥有固守正道、善始善终、迎难而上、毫不退却的信念。一个人如果能有坚定不移的志向，勇猛精进的同时，又能固守正道，做到始终如一，无论遇到什么困难都毫不退转，那么还有什么技艺不能最终学成功呢！

【解读】

学习在于积累，荀子说："不积跬步，无以至千里；不积小流，无以成江海。骐骥一跃，不能十步；驽马十驾，功在不舍。"每一天学上一点，就会有一天的收获。只要长期坚持，就会达到一定的水平和高度。就像商汤《盘铭》中所说的"苟日新，日日新，又日新"，只有每天都有新的收获，才会不断进步。而今天，我们好多人都缺乏古人这种持之以恒的求新精神。因此，康熙关于学习的训言至今仍可以作为我们努力进取的指导教材。只要立下"决定不移之志，勇猛精进"，同时做到始终如一，不退缩、不气馁，终会有成功的一天。

编订成书　以利后人

训曰：朕自幼留心典籍，比年以来所编定书约有数十种，皆已次第[①]告成。至于字学，所关尤切。《字汇》失之简略，《正字通》涉于泛滥。兼之各方风土不同，语音各异，司马光之《类篇》，分部或有未明；沈约之声韵，后人不无訾议[②]；《洪武正韵》多所驳辩，迄不能行，仍依沈韵。朕参阅诸家，究心考证，如我朝清文以及蒙古、西域、洋外诸国，多从字母而来，音虽由地而殊，而字莫不寄于点画，两字合作一字，二韵切为一音。因知天地之元音发于人声，人声之形象寄于字体。故朕酌订一书，命曰《康熙字典》，增《字汇》之阙遗[③]，删《正字通》之繁冗[④]，务使详略得中，归于至当，庶可垂示永久云。

【注释】

①次第：依次，按照一定顺序一个接一个地。

②訾（zǐ）议：议论、指责别人的缺点。

③阙遗：缺失，疏忽，遗漏。

④繁冗：繁杂冗长。

【译文】

训言说：我从小就在典籍的搜集方面特别留心，近年来经过我主持编定的书籍约有数十种之多，如今都已陆续完成。至于文字学方面，我尤其关注。在我看来，《字汇》一书有过于简略之失，《正字通》所涉及的内容又过于庞杂笼统。再加上由于各地的风俗习惯、地理环境不同，以至于语音差异很大，比如司马光的《类编》，分部就显得有些混乱不清；沈约关于声韵的理论，后人也多有非议；《洪武正韵》驳论辩难的成分太多，因而至今不能流行，仍然依照沈约所制定的韵谱。我在参阅各家著作的基础上，进一步深入研究与考证，发现像我朝的满文、蒙古文字、西域文字以及海外各国的文字等，大多都是从字母发展而来，其读音虽然由于地域的差异而有所不同，而字的组合都是由点画构成，两个字合作一个字，两个韵拼成一个音。因而可知天地之间的元音，都是发端于人声，而人声的形象又借助于字体表现出来。因此，我反复斟酌，决定编订一部字书，定名为《康熙字典》，特意增加了《字汇》中缺漏的字，将《正字通》中的繁杂部分删除，务必使它详略得当，归于合理，体现众家字书的优点，只有做到这样，才可以留给后人以作示范。

【解读】

在中国文化史以及文字发展史上，《康熙字典》占据着重要的地位。它是在明朝《字汇》《正字通》两部字书的基础上加以编订的，该书的编撰始于康熙四十九年（1710），成书于康熙五十五年（1716），历时共6年。这部字典共收录汉字47035个，它不仅收字多于此前任何一部字书，而且它的编撰体例为后世字书的编撰提供了蓝本。作为汉字研究的重要参考文献，《康熙字典》本身也具有很高的研究价值。因而，这部字典的编撰，在中国文化史上具有划时代的意义，足以垂范后世。

工欲善事 必先利器

训曰：《论语》云："子贡问为仁。子曰：'工欲善其事，必先利其器。'"此言实为学制事之要也。即如今之读书人，欲应试也，必平日所学渊深①、所记广博，自然写得出。凡遇一事，经历多者，按则例而理之，则失者少。此即器利而事自善之理也。

【注释】

①渊深：精深。形容学识深厚。

【译文】

训言说：《论语》说："子贡向孔子请教培养仁德的方法。孔子说：'工匠要想做好他的工作，必须先准备好他的工具。'"这句话实在是治学与处理政事之关键。就像当今的读书人想要参加应试，必须在平时学得精深，记诵

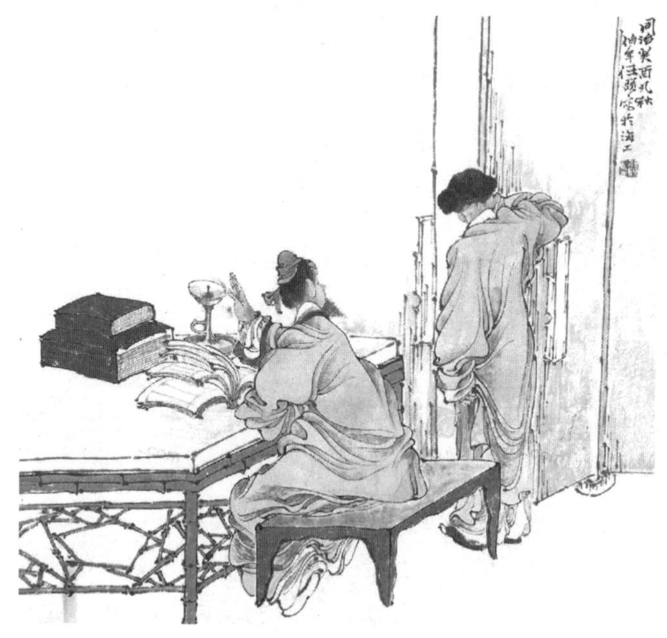

挑灯夜读图（任伯年）

广博，考试时写作自然会得心应手。凡是遇到一件事情，经验老到的人，常常会按照成规来办理，于是很少失败。这就是拥有好的得心应手的工具事情自然就会顺利办理的道理。

【解读】

俗话说得好：磨刀不误砍柴工。这段训言主要强调了工具的重要性，好的得心应手的工具，会使人干起活来事半功倍。我们学习也是这样，必须平时努力积累知识，等到用时才能够游刃有余。当代飞速发展的科技更是让我们见识了工具的作用。诸如有了电脑和互联网，我们可以足不出户就能对世界各地的景观一览无余；有了高铁和飞机，我们可以在几个小时之内到达数千里之外，可以从一个国度踏入另一个国度，等等。如果没有如此便捷的互联网和交通工具，我们要做到“不出户、知天下”，要在这么短的时间走这么远的路是不可能的。实际上，工具的作用远不止如此。荀子云：“假舆马者，非利足也；假舟楫者，非能水也，而绝江河。”工具还可以替人达到人力所不能达到的目的，因此，我们要重视工具，充分利用工具。

进德修业　缘于读书

训曰：子曰：“吾十有五而志于学。”圣人一生只在志学一言，又实能学而不厌，此圣人之所以为圣也。千古圣贤与我同类，人何为甘于自弃而不学？苟志于学，希贤希圣，孰能御之？是故志学乃作圣之第一义也。

训曰：凡人进德修业，事事从读书起。多读书则嗜欲澹[①]，嗜欲澹则费用省，费用省则营求[②]少，营求少则立品高。读书之法，以经为主。苟经术深邃[③]，然后观史。观史则能知人之贤愚，遇事得失，亦易明了。故凡事可论贵贱老少，惟读书不问贵贱老少。读书一卷，则有一卷之益；读书一日，则有一日之益。此夫子所以发愤忘食，学如不及也。

【注释】

①澹：本义为水波摇动貌，通“淡”，意思是淡薄。

②营求：寻求，谋求。

③深邃：精深。这里指经学功夫深厚。

【译文】

训言说：孔子说："我十五岁开始致力于学问。"圣人一生的追求只在于志学一说，又确实能够做到废寝忘食地学习，永远没有满足的时候，这也就是圣人之所以能够成为圣人的原因。千古圣贤与我一样都是人类，作为人我为什么要甘愿自暴自弃而不能像圣人那样学习呢？倘若立志钻研学问，希望达到圣贤的境界，谁又能够抵挡得住呢！因此，立志向学是成为圣人的第一要义。

训言说：任何人要提高自己的道德、学识修养，都要从读书开始。书读多了，其嗜好和欲望就会淡薄；嗜好与欲望淡薄了，就会节省许多不必要的费用；费用少了，则自己的谋求也会随之减少；谋求少了而自己的品格也会相应提高。读书的方法，多以经书为主。假如对经书的理解已经很深透，接下来就可以阅读史书。阅读史书能够了解人的贤能与愚昧，遇到事情，就会明白其中的利弊得失。故而凡事都可以论及贵贱老少，只有读书可以不论贵贱老少。读一卷书，就会有一卷书的收获；读一天书，就会有一天的功效。这就是孔夫子之所以发愤忘食，学习好像总怕赶不上的原因。

【解读】

无论是道德品行的提升，还是知识水平的积累，都离不开读书。立志向学，发奋读书学习是达到圣贤境界的唯一途径。荀子说："学不可以已。青，取之于蓝，而青于蓝；冰，水为之，而寒于水。"唐代大诗人杜甫也强调："读书破万卷，下笔如有神。"可见古人对读书学习的重视。然而，在经济改革大潮冲击下的今天，人们所重视的往往是如何发展经济，至于读书学习，反而不被重视了。目前大学生就业难的现象，更使新的"读书无用"论调滋生蔓延，深深地影响了广大青少年的进取之心。尤其是在一些偏远落后的地区，好多孩子十几岁就外出打工或者做生意。还有一些人，虽然认识到读书的重要，却感叹时过境迁，自己年已老大，空自把读书的希望寄托在下一代身上。殊不知，读书是公平的，诚如康熙所说，唯有它不分贵贱老少，只要用心去读，就会有所收获。所以，我们今天的人应当从康熙对学习的重视中

得到启发，多读书、读好书，只有这样，才能不断地丰富自己，进一步提高自己的知识水平和道德修养。

读书之法　贵在循序

训曰：朱子云：“读书之法，当循序而有常，致一①而不懈，从容乎句读文义之间，而体验乎操存践履②之实，然后心静理明，渐见意味。不然，则虽广求博取，日诵五车③，亦奚④益于学哉！”此言乃读书之至要也。人之读书，本欲存诸心，体诸身，而求实得于己也。如不然，将书泛然读之，何用？凡读书人皆宜奉此以为训也。

训曰：朱子云：“读书须读到不忍舍处，方是得书真味⑤。若读之数过，略晓其义即厌之，欲别求书者，则是于此一卷书犹未得趣⑥也。”此言极是。朕自幼亦尝发愤读书看书，当其读某一经之时，固讲论而切记之。年来翻阅，其中复有宜详解者。朱子斯言，凡读书者皆宜知之。

【注释】

①致一：专一。

②操存践履：操存，操守，心志。践履，原指脚踏地，多用来指身体力行，进行实践。

③日诵五车：五车，即“五车书”，形容书之多。指一天读好多书。典出于《庄子·杂篇·天下》：“惠施多方，其书五车，其道舛驳，其言也不中。”

④奚：哪里，什么。

⑤真味：真正的意旨和意味。

⑥得趣：得到旨趣。

【译文】

训言说：朱子说：“读书的方法，应当遵循一定的顺序并且坚持，用心专一而不松懈，先在文句之间领会其意蕴，再进一步体验其操守、身体力行方面的内容，然后内心平静、道理明晰，从而逐渐悟出文章的妙旨。如果不这样，即便是广求博取，每天诵读很多书，对于治学又有什么益处呢？”这段话对于读书来说是至关重要的。人们读书，本来是想把相关的知识存在心里，用身体去体验，从而使自己得到真正的本领。如果不这样，仅仅是把书泛泛地读上一遍，又有什么用呢？凡是读书的人都应当奉行朱子所言，并且作为训诫。

训言说：朱子说：“读书必须读到不忍舍弃时，才是得到了书中的真正意味。如果读上几遍，略微知晓它的含义就厌烦它而另求他书来读，那么对于这一卷书来说，则还没有得到它的旨趣。”这些话说得极为正确。我从小也曾发奋读书，当读到某一经典的时候，一定通过讲论来把它牢牢记住。近年来翻阅以前读过的书，感觉又有应该详细了解的地方。朱子这些话，凡是读书的人都应该知道。

【解读】

读书是一个循序渐进的过程。荀子说得好：“故不积跬步，无以至千里；不积小流，无以成江海。骐骥一跃，不能十步；驽马十驾，功在不舍。锲而舍之，朽木不折；锲而不舍，金石可镂。”只有一点点地积累，才能不断进步。同时，读书也是一个由易到难的循序渐进过程。刚开始就接触难的东西，肯定理解不了，只有通过不断地积累知识，不断地丰富提高自己，才会逐渐达到一定的水平。康熙所说的“讲论”法，不失为一种好的读书方法。它可以通过讲论，增强记忆，加深理解，从而牢记在心。同时，重读以前读过的书也是增强记忆的比较好的方法。孔子云：“温故而知新，可以为师矣。”通过温习旧的知识，可以从中了解新的知识，而这些，至今仍然是我们读书学习的重要方法。康熙这些关于怎样读书、怎样受益的观点，对我们读书仍具有很大的启发性。在当今，有不少急功近利者，总希望一下子学有所成。希望在很短时间内考取什么证，取得什么学位，然而却忽略了学习的循序渐进性，忽略了只有长期坚持才能不断进步的渐进规律。如果能够用康熙所说的方法去读书，又何愁不会受益呢！

富贵贫贱　皆宜勤学

训曰：人承祖父之遗，衣食无缺，此为大幸，便当读书乐志，安分修为[①]。若家贫，亦惟勤学力行，为乡党所重。孔子曰："素富贵，行乎富贵；素贫贱[②]，行乎贫贱。"孟子曰："富贵不能淫，贫贱不能移。"此是圣贤立志之根本，操存[③]之要道也。

【注释】

①修为：修行。指在修养、素质、道德、造诣等方面提升自己。

②贫贱：穷困而没有社会地位。贫，没有财富；贱，没有地位。

③操存：操守，心志。

【译文】

训言说：人能够继承祖辈和父辈留下来的遗产，丰衣足食，这是一件大幸事，就应当刻苦读书，乐于立志，安静本分，锻炼培养自己的品行作为。如果家庭贫困，也只有通过勤奋学习，努力实践自己的目标，来赢得乡里人的敬重。孔子说："平素富贵的人，就做富贵人所干之事；如果平素贫贱，就干贫贱人力所能及之事。"孟子说："富贵不能迷惑人的内心，贫贱不能改变人的志向。"这是圣贤确立志向的根本，是坚持操守的重要方法。

【解读】

自古以来，人分贫富贵贱，而学习是不分贫富贵贱的。富贵者可以读书学习，贫穷者照样也可以为之。所以，成功者既有"生于簪缨之家，长于妇人之手"的豪门子弟，也有"凿壁取光"的匡衡、"囊萤映雪"的车胤和孙康之类的寒门人士。所以，成功总是会光顾每一个刻苦努力、勤奋读书的人。当今社会，有不少人，一旦自己的人生不顺意，就抱怨自己没有出生在一个好的家庭，没有为自己遮风挡雨的父母，没有富足的资产，使自己不得不承受生活的窘迫和苦楚。其实，这都是依赖思想在作祟，而缺乏应有的靠自己的能力奋斗进取的精神。

为学之功　贵在坚持

训曰：从来有生知，有学知，有困知，及其成功则一。未有下学既久而不可以上达者。但功夫不可躐等①而进，尤不可半途而废。《书》云："为山九仞，功亏一篑②。"正为半途而废者惜也。

竹溪读书图（冯超然）

【注释】

①躐（liè）等：躐，越过。指越过原有的等级顺序。

②为山九仞，功亏一篑：九仞，极言其高。亏，欠缺。篑，盛土的筐子。堆成九仞高的山，只差一筐土而不能完成。比喻事情只差最后一点而不能完成。

【译文】

训言说：自古以来，人有一出生就具有学识明白事理的，有通过学习才能拥有知识明白事理的，有感到困惑然后顿悟的。待到成功，都是一样的。一个也没有。没有学习既久而不能达到理想境界的。但学习不能超越应有的等级跳跃前进，尤其不能半途而废。《尚书》中说："用土堆成九仞之高的山，最后只差一筐土却放弃了，功劳只差这么一点却不能完成。"这正是替半途而废的人感到痛惜啊！

【解读】

俗话说得好：冰冻三日，非一日之寒。只有长期坚持，才有可能取得所希望得到的结果。三天打鱼两天晒网是学不好的。人的能力有所不同，因而接受书本知识的悟性也就不同，但只要付出努力，都会有所收获。在现实生活中，愚笨的人通过努力获得成功例子也不在少数。像爱迪生，小时候被当成一个愚笨的孩子，可是长大后却成了一名了不起的科学家。如果不是他发明了电灯，恐怕至今我们仍然过着蜡烛和油灯相伴的生活。这说明，个人的奋斗很重要。然而，还有一点更为重要，那就是有目标，并为之坚持到最后，如果功亏一篑，那是很可惜的。成功是属于坚持到最后的人的，谁能坚持到最后，谁就会取得胜利。这就是荀子所说的“锲而不舍，金石可镂；锲而舍之，朽木不折”。

读书历事　相互结合

训曰：道理之载于典籍者，一定而有限；而天下事千变万化，其端无穷。故世之苦读书者，往往遇事有执泥[①]处；而经历事故多者，又每逐事圆融[②]，而无定见。此皆一偏之见。朕则谓当读书时，须要体认世务[③]；而应事时，又当据书理而审其事宜。如此，方免二者之弊。

【注释】

①执泥：执拗拘泥，不知变通。

②圆融：佛教用语，圆满通融之意。

③世务：世情，时势。

【译文】

训言说：记载在典籍上的道理，往往都是有所确指的，而且也很有限；然而，天下的之事千变万化，其头绪没有穷尽。所以，世上那些下苦功夫读书的人，遇到事情往往有过于固执拘泥的地方，而那些饱经世故的人，又常常遇事圆满融通却没有定见。这都是带有片面性的见解。我则认为，在读书的时候，应当体察、认识时势；在应付各种事务的时候，又应当根据书本上的道理来审查验证所办之事。这样，方能避免这两种弊端。

【解读】

南宋著名诗人陆游曾经说过："纸上得来终觉浅，绝知此事要躬行。"书本上得来的东西，只有经过事实的检验，才能够用之于实践，并指导实践。也就是说，书本知识与具体事实相结合，才能够避免见识的偏颇。我们当今学习书本知识，仍是为了"学以致用"，从学与用的结合中增长见识。因而，康熙这些关于书本知识与具体事务相结合的言论，对于我们如何"学以致用"大有裨益。

立德明理

训曰：仁者无不爱。凡爱人爱物，皆爱也。故其所感甚深，所及甚广，在上则人咸戴焉，在下则人咸亲焉。已逸而必念人之劳，已安而必思人之苦。万物一体，痌瘝切身。斯为德之盛，仁之至。

志为心用　进德之基

训曰：子曰："志于道。"夫志者，心之用也。性无不善，故心无不正。而其用则有正、不正之分，此不可不察也。夫子以天纵之圣，犹必十五而志于学，盖志为进德之基，昔圣昔贤，莫不发轫[1]乎此。志之所趋，无远弗届[2]；志之所向，无坚不入。志于道，则义理为之主，而物欲不能移，由是而据于德，而依于仁，而游于艺，自不失其先后之序、轻重之伦。本末兼该，内外交养，涵泳从容，不自知其入于圣贤之域矣。

【注释】

①发轫：本义是拿掉支住车的木头，使车启行。多用来比喻事情的开始。

②届：到达。

【译文】

训言说：孔子说："立志于道。"志，就是人的心所用。人性都是善的，所以人心没有不正的。然而，人心的运用却有正与不正之分，这是必须明察的。孔子以上天赋予他的圣人之德，尚且还必须在十五岁时有志于学，这是因为一个人的志向是增进其德行的基础，古圣先贤都是从有志于学问做起的。人为心志所趋，无论距离多么远都能够到达；心志所要达到的目标，无论多么艰难都能克服。有志于道，那么义理就会成为心灵的主宰，再强烈的物欲也不能使它有所改变，因此据守道德，依据仁义，置身于礼、乐、射、御、书、数六种活动中，以不失其先后与轻重秩序。本末兼顾，内外交相增加涵养，深刻体会，从容镇定，连自己都不知道自己已经进入圣贤的境界了。

【解读】

人们常说，心里想什么，就会有什么。心之所想，不但决定着人的行动，也决定着人的善恶。因此，一个人能够行正道，提高自己的道德修养，也是与自己的心志分不开的。一心向善的人，心里所想的始终是善事，想着如何

行善；而作恶的人则想的是怎样做恶事。不同的用心，自然得到的结果就会有天壤之别。从这一方面来说，心志在人的道德提升方面实际上起了奠基之石的作用。基于这个原因，我们应当从小就立大志，确立正确的方向和目标，然后再付诸行动，才有最后取得成功的可能。

圣贤之书　万物之理

训曰：圣贤之书所载，皆天地、古今、万事万物之理，能因书以知理，则理有实用。由一理之微，可以包六合[①]之大；由一日之近，可以尽千古之远。世之读书者，生乎百世之后，而欲知百世之前；处乎一室之间，而欲悉天下之理，非书曷[②]以致之？书之在天下，五经而下，若传若史，诸子百家，上而天，下而地，中而人与物，固无一事之不具，亦无一理之不该[③]。学者诚即事而求之，则可以通三才，而兼备乎万事万物之理矣。虽然书不贵多而贵精，学必由博而致约，果能精而约之，以贯其多与博，合其大而极于无余，会其全而备于有用。圣贤之道，岂外是哉！

韦编三绝（选自《孔子圣迹图》）

训曰：古圣人所道之言即经，所行之事即史，开卷[4]即有益于身。尔等平日诵读及教子弟，惟以经史为要。夫吟诗作赋，虽文人之事，然熟读经史，自然次第能之。幼学断不可令看小说。小说之事，皆敷演而成[5]，无实在之处，令人观之，或信为真，而不肖之徒，竟有效法行之者。彼焉知作小说者譬喻、指点之本心哉！是皆训子要道，尔等其切记之。

【注释】

①六合：指天地及东南西北四方。泛指天下或整个宇宙。

②曷：何，什么。

③该：古同“赅”。包括、包容；完备。

④开卷：打开书本。指读书。

⑤敷演而成：陈述而加以发挥。

【译文】

训言说：圣贤之书所记载的，都是天地、古今、万事万物的道理，能够通过这些书懂得一些道理，那么这些道理则会有实用价值。由一个细微道理，可以包括天地四方无限的广大；从一天短暂的时间，可以了解千百年历史长河的永恒。世上的读书之人出生于百代之后，而要想知道百代之前的事情；居住在一间狭窄的小屋里，而要想熟悉天下的道理，没有书如何能够做到呢？天下的书籍，五经之外，比如传记、史书，诸子百家，上达于天，下至于地，中间人与事物等，原本事事具备，没有一个道理不包括。学习的人如果真能事事都向书中寻求答案，就可以通晓三才，同时兼掌握万事万物所蕴含的道理。虽然读书并不以多为贵，而是以精为贵，但学习也必须由广博而达到简约，如果真的能够做到精而且简约，同时融会贯通多与博，聚合其大以至于穷尽无余，汇集其全为今后的运用做准备，圣贤所要弘扬的道理，难道还会有别的吗？

训言说：古代圣人所说的言语就是经，所做的事就是史。翻开书卷来读就会对自身大有益处。你们平时诵读和教育自己的子弟，只能以经史典籍为主要内容。吟诗作赋虽然是文人的事情，但如能熟读经史，就能够自然而然地做到。幼儿启蒙时期，千万不要让他们看小说。小说中所写之事，都是敷演而成的，很难有实在的地方，以至于使人读了之后，竟然信以为真。而有

些不成器的子弟，竟然效法小说中的人物去行事。他们哪里知道写小说者以譬喻来指斥、影射社会的真正用心啊！这都是教育子弟的重要方法。你们一定要牢记这些。

【解读】

古代所谓的圣贤之人，大都德行高尚、学识渊博。因而他们所著的书，包含了天地之间、古今万物的深刻道理。而我们要想提高自己的德行与修养，读圣贤书可以说是一条最重要的途径。康熙对于圣贤之书的重视，为后人立身明道指明了道路。我们当今的社会实践也证明，读什么样的书，决定了一个人拥有什么样的品位和人生，其道德水准和涵养能达到一个什么层次。也就是说，不是什么书都可以读，好的书会给人好的熏陶和滋养，而那些离经叛道的书反而会使人误入歧途。所以，对于我们当代人来说，圣贤之书永远不会过时，依然可以为我们所用。

圣贤立言　本自平易

训曰：朱子云："圣贤立言，本自平易，而平易之中，其旨无穷。"今必推之使高，凿之使深，是未必真能高深而已，离其本指[①]，丧其平易无穷之味矣。此最要处也。自汉以来，儒者世出，将圣人经书多般讲解，愈解而愈难解矣。至宋时，朱子辈注四书五经，发出一定不易之理，故便于后人。朱子辈有功于圣人经书者可谓大矣！是以朕训尔等但以经书为要者，亦此故也。

训曰：孔子云："民可使由之，不可使知之。"诚为政之至要。朕居位六十余年，何政未行？看来凡有益于人之事，我知之确，即当行之。在彼小人，惟知目前侥幸[②]，而不念日后久远之计也。凡圣人一言一语，皆至道存焉。

【注释】

①本指：同"本旨"，意思是原意、主旨。

②侥幸：犹幸运，指意外获得成功或免除灾害和威胁。

【译文】

训言说：朱子说："古圣先贤立言，原本始自平易，然而在浅显易懂的道理之中，却有无穷的旨味。"如今一些人只是一味地推理阐释圣贤学说以使其高远，穿凿附会圣贤学说使之深奥，然而却未必真正做到使其深奥高远，相反却离开了圣人立言的本旨，甚至丧失了其浅显易懂、无尽无穷的意味。这是至关重要的地方。自从汉代以来，弘扬儒家学说的学者世代不乏其人，将圣人的经书进行各式各样的讲解，反而越解释越难让人理解了。到了宋代，以朱熹为代表的学者注释四书五经，阐发其恒久不变的道理，因此给后人理解经书带来了方便，朱子等人对于圣贤留下来的经典之书所作的贡献可以说是巨大的。

训言说：孔子说："对于普通民众而言，可以让他们如何去做，不可以让他们知道为何如此去做。"这确实是处理政事极为重要的道理。我身居皇位六十多年，什么样的政策没有施行过？看起来凡是对人民有益的事情，我知道确实可以施行，便当即执行。那些目光短浅的人，只知道贪图眼前的侥幸，而不考虑今后的长远之计。凡是圣人所说的每一言每一语，都包含有最为深刻的道理。

【解读】

圣人的言语并非都是一些晦涩难懂、道理深奥的说教，而更多的是于浅近平易之中蕴含无穷的意味。像《论语》中所说的"温故而知新"、"人无远虑，必有近忧"，孟子所说的"老吾老以及人之老，幼吾幼以及人之幼"等，语言浅近如同家常口语，使人一看就能明白却含有无穷意味。这些言语对于今天的我们仍然具有重要的指导意义。所以，我们仍需要读圣贤书，理解领会其中的道理，用以指导自己的生活。

多识前言　以畜其德

训曰：《易》云："天在山中，大畜。君子以多识前言往行，以畜其德。"夫多识前言往行，要在读书。天人之蕴奥[①]在《易》，帝王之政事在《书》，性情之理在《诗》，节文[②]之详在《礼》，圣人之褒贬在《春秋》，至于传记子史，皆所以羽翼[③]。圣经记载往迹。展卷诵读，则日闻所未闻，智识精明，涵养深厚，故谓之畜德，非徒博闻强记，夸多斗靡[④]已也。学者各随分量所及，审其先后而致功焉。其芜秽不经[⑤]之书，浅陋之文，非徒无益，而反有损，勿令入目，以误聪明可也。

【注释】

①蕴奥：精深的含义。

②节文：制定礼仪，使行之有度。

③羽翼：本义指鸟的翅膀，这里是辅助、维护的意思。

④夸多斗靡：指竞以篇幅多、辞藻华丽为美的不正之风。出自韩愈《送陈秀才彤序》："读书以为学，缵言以为文，非以夸多而斗靡也。"

⑤芜秽不经：杂乱污秽，不合情理。

【译文】

训言说：《周易》说："天在山里面，有大畜的现象。君子根据这一现象可以多了解前人善的言行，以蓄积其美好的德行。"要更多地了解前人的善言善行，关键在于读书。天人关系所蕴含的精深含义集中在《周易》，有关帝王的政事集中在《尚书》，有关人性情的理路集中在《诗经》，礼节仪式的详细

《周易》书影

集中在《礼记》，圣人对于社会的褒扬与贬抑集中在《春秋》，至于传记子史方面的书籍，都是辅助圣人经典的。圣人经典记载了以往的事迹，展开这些书卷进行诵读，就会每天知道一些以前所没有听闻过的事情，从而变得智慧卓识精细明察，富有深厚的涵养，因此称为蓄德，并非只是博闻强记，夸多斗靡而已。学习的人应根据各自的能力所及，审察学习的先后次序，从而取得一定的功效。那些杂乱污秽、荒诞不经的书籍，粗浅鄙陋的文章，不仅读之没有什么好处，反而会有害，因此不要去看它，以免误导了自己的聪明才智。

【解读】

人的一生是短暂的，要在几十年里读完古今中外的书籍是不可能的。面对浩如烟海的书籍，必须有重点、有选择地读书，才能有所收益。所以，在未读书之前，应当分清哪些书该读，哪些书不该读。在这里，康熙重点推荐了经史子集。这些书，包含了古圣先贤们提出的治世经验，同时对我们为人处世也颇有教益。相对于那些低俗的、淫秽的黄色书刊之类所带给人的负面效应，经史子集在启迪人们智慧的同时，会进一步拓宽人们的视野，引导人们树立正确的人生观与价值观。因此，康熙推荐读书当读经史子集一类，是有独到的眼光的，这些书至今仍是我们智慧的宝库。

人为圣贤　在于积累

训曰：人之为圣贤者，非生而然也，盖有积累之功焉。由有恒而至于善人，由善人而至于君子，由君子而至于圣人，阶次[①]之分，视乎学力之浅深。孟子曰：“夫仁，亦在乎熟之而已矣。”积德累功者，亦当求其熟也。是故有志为善者，始则充长之，继则保全之，终身不敢退，然后有日增月益之效。“故至诚无息，不息则久，久则征，征则悠远，悠远则博厚，博厚则高明。”[②]其功用岂可量哉！

【注释】

①阶次：等级次序。

②“故至诚”以下六句：语出《中庸》。

【译文】

训言说：一个人之所以能够成为圣贤，并非天生如此，这是有日积月累之努力的。由于长久地坚持不懈而达到善人的标准，再由善人而达到君子的境界，最后由君子达到圣人的高度。善人、君子、圣人级别的划分，主要看学问功力的浅深。孟子说：“仁呢，不过也在于长期地熟悉它罢了。”积累功德，也应当长期不懈地坚持实践。因此，有志于做善事的人，从一开始就注重增长自己的善行，接着不遗余力保全它，终生不敢有所退步，然后才会有日增月益的功效。“因此，至诚是永不停息的，永不停息才能够保持长久，保持长久才能够有征验，有了征验才会悠远，达到悠远的境界才能够心胸博大宽厚，心胸博大宽厚才能处事高明。”它的功效哪里是可以估量的呢！

【解读】

一个人从幼童时的懵懂无知到拥有渊博的学识与高深的涵养，是一个日积月累的过程，并非一朝一夕之功。宋代理学家朱熹有句非常著名的诗：“问渠哪得清如许，为有源头活水来。”只有在学识涵养以及道德品行方面不断地充实自己，才能够使自己的人格逐步得到提升，最终达到圣贤的境界。在现实生活中，虽然我们不可能人人都达到圣贤的境界，但应当以圣贤的标准要求自己。《诗》云：“高山仰止，景行行止，虽不能至，心向往之。”孔子也说：“见贤思齐，见不贤而自省。”如果能够做到这样，也是很难得的。

读书明理　判定是非

训曰：学问无他，惟在存天理、去人欲而已。天理乃本然之善，有生之初，天之所赋畀[①]也。人欲是有生之后，因气禀[②]之偏，动于物，纵于情，乃人之所为，非人之固有也。是故闲邪存诚，所以持养天理，堤防人欲；省察克治，所以辨明天理，决去人欲。若能操存涵养，愈精愈密，则天理常存，而物欲尽去矣。

训曰：朕自幼好看书，今虽年高，万几之暇，犹手不释卷。诚以天下事繁，日有万几，为君者一身处九重之内，所知岂能尽乎？时常看书，知古人事，庶可以寡过。故朕理天下事五十余年无甚差忒[③]者，亦看书之益也。

【注释】

①畀（bì）：给予。

②气禀：也称“禀气”，人生来对气的禀受。

③差忒（tè）：差错，误差。

【译文】

训言说：学问没有特别之处，它只不过在于保存天理、去掉人欲罢了。天理是人本来所具有的善性，在人刚刚出生之时，上天就已经赋予他了。人的欲望是在人出生以后，因为气质禀赋有所偏颇，为事物所动，放纵自己的情感而不加节制，这乃是人的后天所为，并非人生来就有的。因为这个缘故，防止邪恶、保存真诚，用来保持、养护天理，以遏制人欲；反省检查克制自己，用来辨明天理，去掉人欲。如果能够使自己的操守和修养得到保存，更加精炼和细密，那么天理就能够经常存在，而物欲也能够完全去除了。

训言说：我从小爱看书，如今虽然年老了，但仍然在处理繁忙事务的闲暇，手不释卷。这的确是因为天下的事情繁多杂乱，每天都有很多政务，作为一国之君的人身处宫禁之内，需要知道的事情哪里有穷尽呢？经常看书，多了解古人的事情，或许能够少犯过错。我之所以处理天下事务五十多年没

有出什么差错，可以说这也是看书的好处啊。

【解读】

书，是教人明白道理、辨别是非的。因此，多读书能够提高一个人的修养和德行。由于读书不能给人提供直接的利益，致使不少人误认为读书无用。康熙在读书方面的身体力行，再一次向世人证明了读书的重要。庄子云："无用之用，乃为大用。"书本身虽然对于人没有直接的作用，也不会给人们带来直接的利益，但书中所包含的许多做人的道理，常常会让读书的人获益终生。人之一生，难免会有许多欲望，书中的道理能够让人明白事理，从而克制自己的欲望，变得理智冷静，抑制不必要的冲动。

劝诫之词　古今名论

训曰：劝戒之词，古今名论、亹亹[①]书记中、无处不有。其殷勤痛切，反复丁宁[②]，要之，欲人听信遵行而已。夫千百年以下之人，与千百年以上之人，何所关切而谆谆[③]训戒若此？盖欲一句名言，提醒千百年以下之人，使知前车之覆，而为后车之戒也。后学读圣贤书，看古人如此血诚教人念头，岂可草草[④]略过？是故朕常教人看古人书，须念作者苦心，甚勿负前人接引后学之至意也。

【注释】

①亹（wěi）亹：形容孜孜不倦。

②丁宁：即"叮咛"，嘱咐之意。

③谆谆：再三告诫、反复叮咛貌。见于《诗经·大雅·抑》："诲尔谆谆，听我藐藐。"

④草草：草率马虎，粗枝大叶，不细致。

【译文】

训言说：劝诫人的话，在那些古今名论、勤勉不倦的文章中比比皆是。其用心周到恳切，不厌其烦地叮嘱，总之，不过是要人们听而信之、遵而行之罢了。千百年之后的人，与千百年之前的人，为什么如此关切而再三告诫？大概想用一句名言，来提醒千百年之后的人，使其明白前人失败的经历，往往可以作为后人的教训。后世之人读圣贤之书，看到古人有如此呕心沥血地教导人的念头，怎能够粗枝大叶地一掠而过？正因为如此，我经常在教人看古人的书时，必须念念不忘写书之人的良苦用心，千万不要辜负前人引导后学的深深用意。

【解读】

读古人之书，当会古人之意。对于古人那些谆谆告诫的言论，应当反复琢磨，认真揣度。这些言论，都是古人生活经验的总结。俗话说得好：前人之车，后人之辙。前人通过自己的切身经历所总结出来的经验，不仅可以警醒后人，而且还能够引导后人少走弯路。康熙教人看古人之书，必须念念不忘写书之人的良苦用心，可见他是极为看重古人言论的教育作用的。我们当今的教育也应当重视古人的言论，以古鉴今，更好地利用古人的言论为今天的社会服务。

礼之为用　范身之具

训曰：有子曰：“礼之用，和为贵。先王之道斯为美，小大由之。有所不行，知和而和，不以礼节之，亦不可行也。”盖礼以严分，而和以通情。分严则尊卑贵贱不逾，情通则是非利害易达。齐家治国平天下，何一不由于斯？

训曰：礼之系于人也大矣！诚为范身之具，而兴行起化之原也。礼仪三百，威仪三千，大而冠、昏、丧、祭、朝聘[①]、射、飨[②]之规，小而揖让、进退、饮食、起居之节。君臣上下，赖之以序；夫妇内外，赖之以辨；父子、兄弟、婚媾、姻娅，赖之以顺而成。故曰：“动容中礼，而天德备矣。治定制礼，而王道成矣。”《礼经》传之者十三家，而戴德、戴圣为尤著，圣所传四十九篇，即今之《礼记》是也。其余四十七篇，虽杂出于汉儒之说，亦皆传述圣门格言，有切于身心之要旨。尔等所习本经既熟，正当学《礼》。孔子曰："不学礼，无以立。"其宜勉之！

【注释】

①朝聘：古代诸侯亲自或者派使臣定期朝见天子。

②飨（xiǎng）：飨礼，宴饮宾客之礼。

【译文】

训言说：有子说："礼仪的作用，在于以和为贵。古代的贤明君王所推行的道理，最可宝贵的正在于此，他们大小事情都处理得十分妥当。如果有行不通的地方，只是一味地以追求和谐而趋于和谐，不用一定的礼仪规范来加以约束节制，这也是行不通的。"礼仪是人们用来区分严格的等级关系的，和是用来通融人与人之间情理的。等级关系秩序井然，尊卑贵贱的地位就不会被僭越；情通理顺，是与非、利与害之间的关系就容易明白。齐家、治国、平天下，哪一样不是由它开始呢？

孔子讲学（徐悲鸿）

训言说：礼仪维系人关系的作用真大啊！它真可以说是一个人规范自身、使其行为符合做人的标准的尺度与准绳，同时也是激发人的行为，促使风化的原动力。三百条礼仪，三千条威仪，从大的方面而言，主要包括冠礼、昏礼、丧礼、祭礼、朝见礼、射礼、飨礼的规范；从小的方面而言，包括宾客相见之时的揖让之礼，前进与后退，以及饮食与起居的礼节等，都是有章可循的。君臣之间的上下关系，要依靠礼来维持秩序；夫妇之间的内外之别，要依靠礼来加以分辨；父子、兄弟、婚姻的姻亲关系，也是因为有了礼从而顺序井然，彼此上下和谐得体。所以说："举动与仪态合乎礼节，那么就具备了最为高尚的德行。政治稳定之后，制定礼仪，从而王道也就成功了。"《礼经》流传到今，多达十三家，其中以戴德、戴圣所传的为最好。经戴圣删定的《礼记》四十九篇，就是我们今天所看到的《礼记》。其余的四十七篇，虽然是杂出于汉代的儒家学者之手，但也都是传述圣贤之门的格言，因而也是与我们身心相切合的重要内容。你们既然对所学习的基本经典已经熟悉，正应当去学礼仪。孔子说："不学习礼仪，就难以安身立命。"你们应当以之相互勉励。

【解读】

关于礼仪的重要性，古圣先贤多有论述。晏子说："凡人之所以贵于禽兽者，以有礼也"；《礼记》说："人有礼则安，无礼则危"。所以，礼仪不仅用来区分等级关系，而且也是维系社会关系和谐的必不可少的手段。没有规矩，不成方圆。礼仪的作用在于把众多散沙一般的人聚拢成一个社会团体，用以维持和谐的人际关系。在各种文化思潮冲击下的今天，礼仪规范仍然是维系社会关系和秩序的重要法宝，老祖宗给我们立下的规矩不能丢。中国向来是礼仪之邦，缺少了礼仪，中国的文明也就无从谈起。

仁者爱广　遍及万物

训曰：仁者无不爱。凡爱人爱物，皆爱也。故其所感甚深，所及甚广，在上则人咸戴①焉，在下则人咸亲焉。已逸而必念人之劳，已安而必思人之苦。万物一体，痌瘝②切身。斯为德之盛，仁之至。

【注释】

①咸：普遍，全，都。戴：拥护尊敬。

②痌瘝（tōng guān）：病痛。

【译文】

训言说：仁德之人没有什么不爱的。无论是爱人还是爱物，都体现了他的爱。所以，他的感受很深，涉及面也很广，以至于处在上位则人人都对他感恩戴德，处在下位则人人都亲近于他。自己安逸之时一定会想到他人的辛劳；自己安泰之时必然能够体会到他人的困苦。在他看来，万物是一个不可分割的整体，一切痛痒都关系到自己的切身利益，这就是作为道德的盛大，仁爱的极点。

【解读】

《孟子》云："爱人者，人恒爱之；敬人者，人恒敬之。"仁爱的人大都有一颗博爱之心，无论是对自己亲近的人，还是与自己没有任何关系的人，乃至于世间的万物，都会献出自己的一片爱心。所以，唐代大文学家韩愈说，"博爱之谓仁"，也就是说拥有一颗博大宽广的爱心才能称得上仁。在今天，我们仍需要这种大爱，用一颗博爱之心来对待社会上所有的人，甚至于世间的一切生灵。用爱来感化人，使每个人都拥有一颗爱心。如果能做到这样，那么我们的社会将会有很大改观。正如一首歌中所唱的那样："只要人人都献出一点爱，世界将变成美好的人间。"

理非一端　得非一处

训曰：先儒[①]有言："穷理非一端，所得非一处。或在读书上得之，或在讲论上得之，或在思虑上得之，或在行事上得之。读书得之虽多，讲论得之尤速，思虑得之最深，行事得之最实。"此语极为切当，有志于格物致知[②]之学者，其宜知之！

【注释】

①先儒：泛指古代的儒者。

②格物致知：推究事物原理，从而获取知识。出自《礼记·大学》："致知在格物，物格而后知至。"

【译文】

训言说：古代的儒者说过这样的话："要想穷尽道理并非只有一种方法，所获取的知识也并非只在一个地方。有的在读书中得到，有的在和人讲谈论辩时得到，有的在独立思考时得到，有的则在做事行事时得到。从读书中得到的道理虽然多，但讲谈论辩得来的更为迅速，独立思考得来的知识尤为深刻，做事行事得来的知识最为实在。"这些话说得极为确切、恰当，有志于穷究事理以获取知识的人，应当知道这些。

【解读】

获取知识不止一种方法，而我们读书只不过是其中的一种。所以，要想掌握知识，不应只拘泥于书本。这是因为，书本上的知识毕竟有限，而更多的知识则是来源于人们的生活与实践，来源于人们交际过程中言论与思考。所以，在获取书本知识的同时，更应重视从多种渠道获取知识。南宋著名诗人陆游说："纸上得来终觉浅，绝知此事要躬行。"意思是说只凭书本上得来的知识总感觉是薄弱的，应当与实践相结合，才能使自己所掌握的知识更加丰富，使书本知识在具体的生活中得到检验。

来源不同　识见亦异

训曰：天下事物之来不同，而人之识见亦异。有事理当前，是非如睹，出平日学力之所至，不待拟议而后得之，此素定之识[①]也；有事变倏[②]来，一时未能骤断，必待深思而后得之，此徐出之识也；有虽深思而不能得，合众人之心思，其间必有一当者，择其是而用之，此取资之识也。此三者，虽圣人亦然，虽周公有继日之思，而尧舜亦曰：畴咨[③]、稽众。惟能竭其心思，能取于众，所以为圣人耳。

【注释】

①素定之识：平常积累而得到的见识。

②倏：形容极快，忽然。

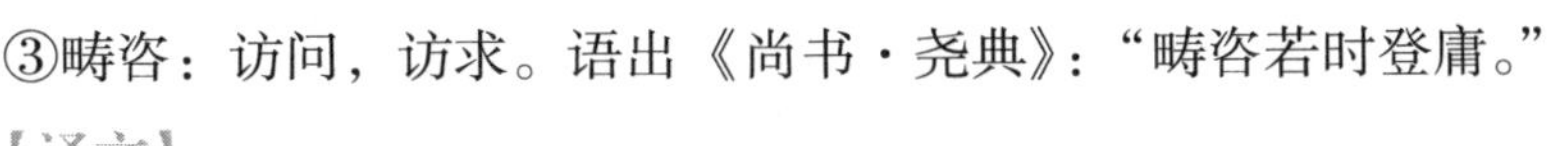

③畴咨：访问，访求。语出《尚书·尧典》："畴咨若时登庸。"

【译文】

训言说：天下事物的来源不同，因而导致人们对于事物的看法也就不同。有的事理摆在面前，是非对错就像眼前所看到的那样清楚明白，运用平时所学的知识，不必事先考虑好就可以轻易地得到，这是通过平时的修养所达到的见识与能力；有的事情突然而至，一时不能立即决断，必须经过深思熟虑之后才能作出正确的判断，这是一种通过慢性思维而达到的见识与能力；还有的人即使经过深思熟虑也难以达到预期的结果，只有综合众人的想法，在众多的意见中，一定会有一个可行的，然后选择它并且利用它，这是取资于他人意见的见识。这三种方式，即便是圣人也要以此为原则。虽然周公有夜以继日思考问题的习惯，就连尧、舜也说要向众人咨询，考察众人的意见。只有能够做到竭尽自己的心思，又能广泛听取众人的意见，才可以达到圣人的境界。

【解读】

世间万物的来源是不同的，从而决定了看待事物分析事物的灵活性，对待具体事物应当具体分析。是否对事物作出正确的判断，与人的见识及能力有着密切的关系，但一个人的能力毕竟有限，不可能洞察所有的事情。这就需要多听取别人的意见，以弥补自己之不足。孔子曾问礼于老子、问乐于师襄。圣人尚且如此，何况我们一般人呢！"三人行，必有我师。"只有不耻下问，虚心向人请教，才能不断进步。可以说，这是提高自己知识水平与道德修养的最佳方法。

权衡轻重　不失其经

训曰：古人有言："反经合理谓之权[①]。"先儒亦有论其非者。盖天下止有一经常不易之理，时有推迁[②]，世有变易，随时斟酌[③]，权衡轻重，而不失其经，此即所谓权也。岂有反经而谓之行权者乎？

【注释】

①权：应变，暂时变通。

②推迁：推移变迁。

③斟酌：考虑事情、文字等是否可行或是否恰当。

【译文】

训言说：古人曾说："离经叛道却符合情理，这就叫这权变。"古代的儒者也有认为这种观点不对的人。天下只有一种恒久不变的真理，那就是时间有推移和变迁，时代有变化和更替，根据时代的变化反复考虑以决定取舍，进一步比较利害得失的大小，但并不违背正道，这就是所谓的权变。哪里有违背正道而称其行径为权变的呢？

【解读】

《周易》云："穷则变，变则通，通则久。"事物变化是避免不了的。然而，对于"变"，人们却有不同的看法。尤其是离经叛道但却符合情理的权变，并不为人们所赞同。正当的权变，应当随着时代变化而变化，同时又不违背正道。时代需要变，没有变，就没有社会的进步与发展。尤其是我们当今处在世界风云多变的时代，更不能故步自封，不变就难以适应世界多变的形势，但无论怎样变，都不能改变中华民族的本色。否则，没有了民族本色，也就没有了中国的存在。

以义为利　身劳心安

训曰：程子云："所谓利者，不独财利之利，凡有利心便不可。如作一事，但寻自己稳便处，皆利心也。圣人以义为利，义安处便是利。凡人惟弃利己之心，以求义之所安，则为忠臣者亦此道，为孝子者亦此道。"人人皆当以此语为至教[①]而奉行之也。

训曰：荀子云："身劳而心安者为之，利少而义多者为之。"此二语简而要。人之一世，能依此二语行之，过差[②]何由而生？

【注释】

①至教：最好的教导。

②过差：过失和差错。

【译文】

训言说：程子说："所谓利，不单是财利的利，凡是有贪利之心就不可以。比如做一件事，只找对自己稳定妥当、方便易行的去做，这都是利心所至。圣人把义当作利，义存在的地方就是利。一般人唯有抛弃有利于己的私心，而去寻求道义的所在，那么作为忠臣是这一途径，作为孝子也是这条途径。"每个人都应当把这段话作为最好的教导而奉行它。

训言说：荀子说："虽然使身体劳累，但内心却能够安宁的事要去做它，利益虽少但道义多的事也要去做它。"这两句话虽然简单却很重要。人的一生如果能按照这两句话去做，那么过失和差错又怎么会产生呢？

【解读】

自古以来，人们多为利与义所困。孔子云："君子喻于义，小人喻于利。"对于义和利的不同取舍，是划分君子与小人的标准。那些见利忘义的人，往往为人们所不齿。利分为财利和利心，这两种利都是和道义相违背的。因此，要想追求义，必须抛弃利。无论是为国家尽忠，还是为父母尽孝，都应当抛弃私心。在当今社会，人们仍然离不开"利义"二字。利字当头、弃义不顾的现象仍然很严重。一些人为了自身的利益，不惜挖国家墙脚，贪污、受贿，倒卖国家重要资源，以求中饱私囊，结果落得个身败名裂的下场；还有一些人，处处考虑自己的得失，与人交往总是斤斤计较，甚至于连自己的父母也不顾。凡此种种，皆导致了道德的沦丧与道义的堕落。所以，我们需要进一步倡导“义”，在不失义的情况下追求应得的利益。

修身养性

训曰：凡人处世，惟当常寻欢喜。欢喜处自有一番吉祥景象。盖喜则动善念，怒则动恶念。是故古语云：“人生一善念，善虽未为，而吉神已随之；人生一恶念，恶虽未为，而凶神已随之。”此诚至理也夫！

修身治性　谨于素日

训曰：凡人修身治性，皆当谨于素日[①]。朕于六月大暑之时，不用扇，不除冠，此皆平日不自放纵而能者也。

训曰：汝等见朕于夏月盛暑不开窗、不纳风凉者，皆因自幼习惯，亦由心静，故身不热。此正古人所谓“但能心静即身凉”也。且夏月不贪风凉，于身亦大有益。盖夏月盛阴在内，倘取一时风凉之适意，反将暑热闭于腠理[②]。彼时不觉其害，后来或致成疾。每见人秋深多有肚腹不调者，皆因外贪风凉，而内闭暑热之所致也。

【注释】

①素日：平日，平素。

②腠（còu）理：皮肤、肌肉的纹理。

【译文】

训言说：凡是修身养性，都应当在平时就对自己严格要求。我在六月天气最为炎热的时候，不扇扇子，不脱帽子，这都是我平日从不放纵自己才能做到这样。

训言说：你们看见我在夏天最热的时候也不开窗户、不接纳风凉，都是因为我从小就养成了这种习惯，也是因为内心平静，所以身上才不感到热，这正是古人所说的只要能够保持内心的平静，身体就会自生凉意。况且夏天不贪图风的凉爽适意，对身体也有很大的好处。这大概是由于夏天盛阴积在人体之内，如果只贪图一时的舒适，反而会将暑热闭塞于肌肤之下。那时虽然感觉不到它的危害，但后来或许会因此导致疾病。经常见到有人在深秋的时候多有肚腹不调的，都是因为体表贪图风凉，而体内闭滞了暑热所致。

【解读】

人们常说，心静自然凉。安静的心境不仅是医治百病的良方，而且还可

以使人适应各种生活环境。因而，在人的生活中，拥有一个安静的心境极为重要。康熙所讲的关于夏天不要贪图风凉的知识对于今天的我们来说仍具有很大的实用性。当今社会，由于科学技术的发达，空调、电扇、冰箱等，在给人们的生活带来很大方便和舒适的同时，也一定程度上影响着人们身体的健康。诸如空调病、风湿病、由于冰镇冷饮刺激而引起的胃病等，都是人们一时贪图身体的舒适所致。所以，从身体健康的角度考虑，应当多多加强身体锻炼，以增强身体自身抵抗严寒酷暑的能力。

人之习气　决定一生

训曰：人之一生，多由习气[①]而成。盖自孩提以至十余岁，此数年间，浑然天理[②]，知识未判，一习学业，则有近朱近墨之分[③]。及至成人，士农工商，各随其习，习以成风，虽父兄之于子弟，亦不能令其习好同也。故孔子曰："性相近也，习相远也。"有必然者。

【注释】

①习气：习惯，习性。多指不好的习惯。

②天理：程朱理学认为的人的本然之性，指封建的伦理纲常，即仁、义、礼、智的总和。

③近朱近墨之分：朱，红色。墨，黑色。多用来指人因所接触环境的不同而习性不同。

【译文】

训言说：人的一生，大多是由生活习惯决定的。大约从孩提时起到十多岁，这几年之间，完全是质朴纯真的自然之性，知识没有明显的区别，然而一旦从师学习，就会有近朱近墨的区别，等到长大成人，士农工商等行业的选择，都是有各自所学的不同而决定的。通过一段时间的学习，就会形成一种习惯，即便是父亲对于儿子，长兄对于弟弟，也不能使他们的习惯和自己一样。所以孔子说："人的本性都是相近似的，因为学习经历的不同，遂使后来的习性相差很远。"这是有必然性的。

【解读】

孟氏三迁图（钱慧安）

习惯成自然，养成良好的习惯对于人的一生很重要。人的出身无可选择，但人的习惯则可以选择。荀子说："干越夷貉之子，生而同声，长而异俗，教使之然也。"也就是说，人在出生的时候脾气秉性都是一样的，没有任何差别，之所以到后来会有所不同，是因为受周围生活环境的熏染和教育的影响才有所改变的。因此，人有一个好的生活环境和生活习惯就显得格外重要。古人是非常重视生活环境的。"孟母三迁"为的是给孟子创造一个好的学习环境，培养他良好的德操和素质。而我们现在的孩子，很多都缺乏父辈们那种吃苦耐劳的精神，其重要原因就在于没有从小养成吃苦的习惯。由于父母的溺爱，往往使他们过于骄纵。一旦坏习惯养成了，再想改变他们就很困难。要想使孩子有一个良好的习惯，这就需要做父母的对孩子从小监督，并予以正确的引导。

修身之道　在于经书

训曰：凡人养生之道，无过于圣人所留之经书。故朕惟训汝等熟习五经四书，性理诚以其中。凡存心养性、立命之道，无所不具故也。看此等书，不胜于习各种杂学[①]乎？

训曰：人生于世，最要者惟行善。圣人经书所遗如许言语，惟欲人之善。神佛之教，亦惟以善引人。后世之学，每每各向一偏，故尔彼此如仇敌也。有自谓道学[②]，入神佛寺庙而不拜，自以为得真传正道。此皆学未至而心有偏。以正理度之，神佛者，皆古之至人。我等礼之敬之，乃理之当然也。即今天下至大，神佛寺庙不可胜数，何寺庙而无僧道？若以此辈皆为异端，使尽还俗，不但一时不能，而许多人将何以聊其生耶？

【注释】

①杂学：这里指五经四书以外的学问。

②道学：这里指儒家的道德学问。

【译文】

训言说：养生的道理，没有比得上圣人所留的经书的。因此我只训教你们熟读五经四书，因为人性与天理确实都含蕴于其中。凡是修养身心、陶冶性情和安身立命的道理，四书五经皆有所及。看这方面的书，不是胜于学习各种杂学吗？

训言说：一个人生活在世上，最重要的唯有多行善事。圣人所传的经书给我们遗留下这么多至理名言，对后人唯一希望的就是能够一心向善。那些有关于神佛的教义，也只是用善来引导人。后世的学者，往往各自偏于一端，因此，各个门派之间就如同仇敌一样。有的人自称为道学之士，进入神佛寺庙却不行跪拜之礼，自认为自己得了正道的真传。这都是因为其学问没有达到出神入化的至境而心思有所偏差。如果依据正理来衡量，所谓神佛，指的是古时各方面修养都达到了至高无上境界的人。我们对他们礼貌对待、尊敬有加，乃是理所当然的事。如今天下广大无边，神佛寺庙多得难以数计，哪一座寺庙之中没有和尚、道士的存在呢？如果认为这些人都是不合正统的异端之人，令他们都还俗回家，不仅一时难以做到，而且那么多人将以什么为生呢？

【解读】

古圣先贤们流传下来的经典之书，阐述了很多修身养性的道理，故而受到历朝历代之人的重视。尤其是其中劝人向善的思想，可以说是经典书籍的亮点之一。康熙对于经典之学的推崇，是建立在巩固其统治基础之上的。因此，他在倡导一心向善的社会风气的同时，把经书提倡的劝人为善思想放在了首位。尽管如此，他并不否认神佛教义中的劝善思想，也不反对门派之争，对信奉神佛者表现出了应有的理解和尊重，这一点是难能可贵的。它对于我们今天处理各民族之间的不同信仰问题有很大的启发。在当今的中国，各民族人民有充分的宗教信仰自由，有各自崇尚向善的标准，因而，应当求同存异，互相尊重，而不是各自画地为牢，互相攻击。

大学中庸　慎独为训

训曰：《大学》《中庸》俱以“慎独”[①]为训，是为圣贤第一要节。后人广其说曰“暗室不欺”。所谓暗室，有二义焉：一在私居独处之时，一在心曲隐微之地。夫私居独处，则人不及见；心曲隐微，则人不及知。惟君子谓此时指视必严也，战战栗栗[②]，兢兢业业[③]，不动而敬，不言而信，斯诚不愧于屋漏而为正人也夫！

【注释】

①慎独：在独处的环境中谨言慎行。

②战战栗栗：形容因戒惧而小心谨慎的样子。

③兢兢业业：形容做事小心谨慎，认真踏实。

【译文】

训言说：《大学》和《中庸》都以“慎独”为准则，这是作为圣贤的第一要节，后人将这种学说扩大为“暗室不欺”。其所谓的暗室，有两种含义：一是指在私人的住所独处的时候；一是指在内心深处隐约幽微的地方。在私人的住所独处，别人是看不见的；内心深处的隐约幽微，别人也不知道。唯有君子认为在这时举手投足乃至于一个眼神都应当严肃，显出因戒惧而谨慎、小心、认真的样子。虽然没有付诸行动，但一定要以一颗诚敬之心对待；虽然没有用言语表白，但一定要以信义为重，这才是心地正大光明的君子啊！

曾国藩像

【解读】

一个人独处的时候，可以说是最自由的。因为没有人注意自己的行为如何，也不用担心别人怎样看待自己。这时候能够不放纵，自我约束自己，和有人在眼前一样谨言慎行，是不容易的。现实生活中，有不少人都是“人前君子，背后小人”，很少做到无论是在人前，还是私下里独处都能够言行一致。在这方面，古人为我们做了很好的榜样。春秋时期的蘧伯玉夜过卫灵公宫前尊礼步行，东汉时期的杨震暮夜却金，这种“暗室不欺”的做法，诚为后世之楷模。晚清名臣曾国藩一生躬身实践慎独，他在总结自己一生的处世经验后，写下了著名的“日课四条”，其中首要的一条便是“慎独”。康熙以“慎独”为训教育子孙，足见他的远见卓识。

谈笑小节　亦必循理

训曰：朕虽于谈笑小节亦必循理。先者大阿哥管养心殿营造事务时，一日，同西洋人徐日升进内。与朕闲谈中间，大阿哥与徐日升戏曰：“剃汝之须可乎？”徐日升佯佯不采[①]，云：“欲剃则剃之。”彼时朕即留意，大阿哥原是悖乱[②]之人。设曰：“我奏过皇父，剃徐日升之须。”欲剃则竟剃矣。外国之人谓朕：“因戏而剃其须，可乎？”其时朕亦笑曰：“阿哥若欲剃，亦必启奏，然后可剃。”徐日升一闻朕言，凄然变色，双目含泪，一言不出。既逾数日后，徐日升独来见朕，涕泣而向朕曰：“皇上何如斯之神也！为皇子者即剃我外国人之须，有何关系？皇上尚虑及未然，降此谕旨，实令臣难禁受也。”厥后，四十七年，朕不豫时，徐日升听信外边乱语，以为朕疾难愈，到养心殿大哭，自怨其无造化[3]，随回，至家身故。夫一言可以得人心，而一言亦可以失人心也。

【注释】

①佯佯不采：假装不予理会。

②悖乱：违背常理，胡来。

③造化：福气，运气。

【译文】

训言说：即便是对于谈笑小节，我也一定要遵循道理。先前，大阿哥主管养心殿营造事务的时候，一天，他同西洋人徐日升一起进宫。在和我闲谈的时候，大阿哥和徐日升开玩笑说：“把你的胡须剃掉可以吗？”徐日升假装不理会，说：“要剃就剃吧！”那时候我就注意到大阿哥原来是一个对人大不敬、随意乱来的人。假使他当时说：“我禀奏过皇阿玛，让徐日升剃掉胡须。”如果想要剃的话自然就会剃了。这个外国来的人对我说：“仅仅是因为一句戏言，就要剃掉一个人的胡须，这样做合适吗？”那时候我也笑着说：“阿哥如果想剃的话，也一定要启奏之后，才可以剃。”徐日升一听到我说这话，脸上立刻显出一副悲伤的样子，两眼浸满了泪水，一句话也说不出来。就这样过了几天，徐日升单独来见我，他哭泣着对我说：“皇上您怎么这样神明啊！作为皇子的阿哥就是真的要剃掉我这个外国人的胡须，又有什么关系呢？皇上尚且能够考虑到还没有发生的事情，竟然降下这道谕旨，实在是让为臣难以承受啊！”后来康熙四十七年，我身体欠安的时候，徐日升听信外边的人胡言乱语，误认为我的病难以治愈，于是就跑到养心殿放声大哭，一个劲埋怨自己没有造化，随即回到家就亡故了。这真是一句话可以得到人心，一句话也可以失去人心啊！

【解读】

人们常说：言者无意，听者有心。为了避免不必要的误会，最好还是

“君无戏言”，即便是开玩笑，也要掌握一定的分寸。康熙说得好：一句话可以得到人心，一句话可以失掉人心。这和《论语》中所言的“一言而兴邦”“一言而丧邦”道理是一样的，主要是告诫人们说话要遵循一定的道理，不可随意谈笑。在现实生活中，有时候往往是一句玩笑话或者一句戏言，会造成人与人之间很大的误会，甚至是终生的遗憾。古人是非常注重言出必行的，很少说玩笑话或者戏言。周成王因为一句戏言而封其小弟叔虞于唐、曾子因为妻子哄儿子的戏言而杀彘、李白讲究“三杯吐然诺，五岳倒为轻”等等。这种言出必行以取信于人的做法，对于人与人之间的交往，尤其是为人父母者对孩子的言传身教，可以说起到了良好的示范作用。

知足不辱　知止不殆

训曰：老子曰：“知足者富。”又曰：“知足不辱，知止不殆，可以长久。”奈何世人衣不过被体，而衣千金之裘，犹以为不足，不知鹑衣缊袍者，固自若也；食不过充肠，罗万钱之食，犹以为不足，不知箪食瓢饮者，固自乐也。朕念及于此，恒自知足。虽贵为天子，而衣服不过适体；富有四海，而每日常膳，除赏赐外，所用肴馔，从不兼味。此非朕勉强为之，实由天性自然。汝等见朕如此俭德，其共勉之！

【译文】

训言说：老子说：“人知道满足才能够富有。”又说：“自己知道满足，不贪心地过分追求就不会受到耻辱，适可而止就不会遇到危险，只有这样自己所拥有的才会保持长久。”衣服是用来遮蔽身体的，为何世上有的人身穿价值千金的皮衣还不满足，不知道那些衣衫褴褛的人，反而生活得坦然自如；饮食不过是人们用来填饱肚腹的，可有的人置办价值万贯的食物，仍然心不满足，不知道那些箪食瓢饮的清贫之人，反而自得其乐。我每想起这些，常常自己感到很知足。我虽然贵为天子，可是对衣服的需求也不过适合身体；纵然富有四海，而每天常用的饮食，除了赏赐臣下及宫人之外，所用的菜肴，从来没有超过两种。这并非我勉强做给人看，确实是我天性如此。你们这些人见我如此崇尚节俭的德行，应当相互勉励以之为尚。

【解读】

知足者常乐，人应当学会知足。是否知足，是一个人能否感到幸福的先决条件。否则，即便是富有四海，如果不满足，也是不会幸福的。人，总是处在一个“比上不足比下有余”的尴尬位置。然而，人总是喜欢和比自己强的比，结果越比心里越不平衡，越比越觉得自己不如人，怨恨、嗔怒之心也就随之而生。在现实生活中，像颜回那样“一箪食，一瓢饮，在陋巷”而不改其乐的人毕竟太少。在这方面，康熙为子女以及后世做了一个极好的榜样。身为一国之主，尚能如此节俭，我们一般人更应当安于既有的舒适生活，而不应这山望着那山高，没有止境地追寻本不属于自己的东西。

良知良能　本然之善

训曰：孟子言“良知良能”，盖举此心本然之善端，以明性之善也。又云：“大人者，不失其赤子[①]之心者也。”非谓自孩提以至终身，从吾心，纵吾知，任吾能，自莫非天理之流行也。即如孔子“从心所欲，不逾矩”，尚言于“志学”、“而立”、“不惑”、“知命”、“耳顺”之后。故古人童蒙而教，八岁即入小学，十五而入大学，所以正其禀习[②]之偏，防其物欲之诱，开扩其聪明，保全其忠信者，无所不至。即孔子之圣，其求道之心乾乾不息，有不知老之将至。故凡有志于圣人之学者，其“择善”“固执”，“克己复礼”，循循勉勉[③]，无有一毫忽易于其间，始能日进也。

【注释】

①赤子：刚出生的婴儿。

②禀习：禀性与习惯。

③循循勉勉：循循：有顺序貌；勉勉：力行不倦貌。

【译文】

训言说：孟子认为“良知良能”，大概是标举这人心本来就有的善的本性，用来指明人性的本然之善。又说：“所谓大人，就是能够保持像婴儿一样善良纯朴之心的人。”但这并非说，从孩提时起一直到终老之年，任随自己的心，放纵自己的智力，任意发挥自己的才能，而这些，都是天性的自然表露。就像孔子所说的“随心所欲，凡事不超越规矩”，尚且放在“十五志于学”、“三十而立”、“四十而不惑”、“五十而知天命”、“六十而耳顺”这些言论之后。所以古人多从幼童启蒙时期就开始施教，八岁就进入小学，十五岁进入大学，意在于纠正禀性与习惯的偏差，防止其受到物欲的诱惑，扩大他聪明敏锐的能力，保全他的忠诚守信，可以说没有什么达不到的。就像孔子这样的圣人，他为了追求真理的信念一直奋斗不息，常有不知老之将至的乐观向上精神。因此凡是有志于圣人之学的人，大都能够择善而从，坚定信心，时刻约束自己，使自己的言行符合礼仪规范有秩序地渐进，坚持不懈地努力学习，其间没有一丝一毫的疏忽，始能有所增益，一天天进步。

【解读】

人心本来就有善良的一面，即孟子所说的“良知良能”。这种良知良能是人生来就有的，并非来自后天的培养。诚如《三字经》所云：“人之初，性本善，性相近，习相远。”只是这种良知良能的善，会因为后天生活环境与条件的不同而有所区别。懂得择善而从者会进一步提升自己的善良品行，而玉石不分者则很有可能会任性而为，受周围不良习气的影响，本有的善念会有所失。因此，这就需要时刻约束自己的身心，努力保持善良的天性。这种善良的天性，在我们现实生活中，也随处都有。比如人们对于孤老贫病者的同情、对于需要帮助者的帮助、对于灾区捐款捐物的慷慨等等，都是源自于内心本来就有的善念。有时候，这种善念也会被私欲所掩盖，常常因为一己之私，而良心泯丧，做出有悖礼仪道德或者国家法规的事情，这是我们需要深以为戒的。

赤子之心　人生真性

训曰：孟子云："大人者，不失其赤子之心者也。"赤子之心者，乃人生之真性，即上古之淳朴[①]处也。我朝满洲制度亦然。满洲故制，看来虽似鄙陋[②]，其一种真诚处又岂易得者哉！我等读书，宜达书中之理，穷究古人立言之意也。

【注释】

①淳朴：敦厚，质朴。形容人忠厚诚恳，朴素老实。

②鄙陋：粗俗浅薄。

【译文】

训言说：孟子说："所谓德行高尚的人，是指那些拥有婴儿般童真的人。"婴儿的童真之心，是人生本来就具有的真性，这也就是上古人淳朴的地方。我大清皇朝的满洲制度也是如此。满洲原有的制度，虽然看起来好像粗鄙简陋，但它所具有的真诚之处又哪里那么容易得到呢！我们读书的目的，应当以通晓书中的道理、穷究古人之所以立言的真意为标准。

【解读】

《庄子·渔父》云："真者，精诚之至也，不精不诚，不能动人。"康熙借孟子之言所说的"真性"，虽与庄子所言的"真"有所不同，但都体现了古人淳朴的一面。这种率真的本性与淳朴，历来为人们所称许。在当今，要想使民风淳朴，我们更需要这种率真的本性，来抵制社会上的不正之风。

一心行善　福履自至

训曰：天道好生，人一心行善，则福履[①]自至。观我朝及古行兵之王公大臣，内中颇有建立功业而行军时曾多杀人者，其子孙必不昌盛，渐至衰败。由是观之，仁者诚为人之本与！

训曰：凡人处世，惟当常寻欢喜。欢喜处自有一番吉祥景象。盖喜则动善念，怒则动恶念。是故古语云："人生一善念，善虽未为，而吉神[②]已随之；人生一恶念，恶虽未为，而凶神已随之。"此诚至理也夫！

【注释】

①福履：犹福禄。《诗·周南·樛木》："乐只君子，福履绥之。"

②吉神：旧时星命家以青龙、明堂、金匮、天德、玉堂、司命等六辰为吉神。

【译文】

训言说：天道有好生之德，如果一个人一心要做善事，那么福禄不用刻意去求就会自动来到。试看我朝以及古代那些率兵打仗的王公大臣，其中有很多虽然建立了功业，但在领兵作战之时曾经杀过许多人的，他们的子孙一定不会昌盛，而且会逐渐衰败下去。从这一点来看，拥有仁爱之心确实是做人的根本啊！

训言说：凡是为人处世，唯有经常寻找欢乐。让人感到快乐的地方，自有一番吉利祥和的景象。一个人心里快乐，善念就会产生；内心怒气不止，恶念便会随之而起。因此古语说："一个人心生一个善的念头，尽管善事还没有做，但吉神已经随之而来了；一个人产生了邪恶之念，尽管没有去做坏事，凶神已经不请自到。"这的确是深刻的道理啊！

【解读】

世间的好多事物，都是因果相连的。有什么因，就会有什么果。善因结善果的观念，在人们头脑中根深蒂固。一心向善的人，终会给自己带来福报。

相反，一贯作恶的人，也终会受到惩罚。这也就是人们常说的“种瓜得瓜，种豆得豆”，一切报应，都是自己种下的。虽然从科学的角度来说，这种思想有一定的唯心成分，但它劝人一心向善的动机和目的，不仅有利于社会的安定，同时也有利于人们的修养和道德素质的提升。

见善而好　见恶而恶

训曰：凡人不能无好恶，但能胜其私心则善。诚见善而好之，见恶而恶之，则不能牵累吾心矣。人于喜怒亦然。喜时不能不遇可怒之事，怒时不能不遇可喜之事，是故《大学》云“忿懥好乐[①]，皆难得其正”者，此之谓也。

【注释】

①忿懥（zhì）好乐：愤慨和喜乐 。

【译文】

训言说：一个人不能没有好恶之心，但只要能胜过自己的私心就是善的。如果真能做到遇见善事就喜爱它，见到丑恶的事情就讨厌它，那么还有什么事能牵累我们的心呢！人对于喜怒哀乐也是如此。心里高兴之时，不可能不遇到生气懊恼之事；生气的时候，也可能遇到令人高兴之事。因此，《大学》中说：“过分地发怒与高兴，都难以使人的内心得到平静。”所说的正是这个道理。

【解读】

人生于世，难免会对周围的事物有所喜好或者厌恶。人都有私心，但不能因为自己的私心而伤及无辜。像祁奚那样“举贤不避其仇”的义举，之所以深得人们的称赞，就是因为他在举贤的过程中没有考虑自己的私心，一切为举荐贤才着想。我们与人交往也是这样，不能因为自己喜爱某人就过分亲近，也不要因为自己厌恶某人而过于疏远。宋代名臣范仲淹说得好：“不以物喜，不以己悲。”人如果能够做到这样，就不会为不相干的事情影响自己的情绪。

以恕存心　己实受用

训曰：凡人持身处世，惟当以恕①存心。见人有得意事，便当生欢喜心；见人有失意事，便当生怜悯心。此皆自己实受用处。若夫忌人之成，乐人之败，何与人事？徒自坏心术②耳。古语云："见人之得，如己之得；见人之失，如己之失。"如是存心，天必佑之。

【注释】

①恕：宽容。

②心术：心思，念头。

【译文】

训言说：每个人立身处世，应当存宽容之心。见到人有得意的事，就应当产生欢喜的心情；见到人有惆怅失意的事，就应当对其怀有怜悯和同情之心。这都是对自己有实际好处的。如果嫉妒别人的成功，对别人的失败幸灾乐祸，那么如何与人共事呢？只会自坏心思罢了。古话说："看到别人得到某种东西，就好像自己得到了某种东西；看到别人失去了某种东西，就好像自己失去了某种东西。"如果能存有这样的心地，老天一定会保佑他。

【解读】

孔子曾经说过："其恕乎，己所不欲，勿施于人。"用我们今天的话来说，就是自己所不想要的，不要强加给别人。对别人宽容，富有同情和怜悯之心，自身也会受益；相反，只是一味地嫉妒别人，看别人的笑话，而自身也会受到损害。所以，做人应当设身处地为他人着想，从他人的快乐中得到快乐，而不应为自己的私利而斤斤计较。

天下之事　能忍为上

训曰：天下未有过不去之事，忍耐一时，便觉无事。即如乡党[①]邻里间，每以鸡犬等类些微[②]之事，致起讼端，经官告理；或因一语戏谑[③]，以致角口争斗。此皆由不能忍一时之小忿，而成争讼之大端也。孔子曰："小不忍则乱大谋。"圣人之言，至理[④]存焉。

【注释】

①乡党：古代以五百家为党，一万二千五百家为乡，合称乡党。此泛指乡里。

②些微：少许，细微。

③戏谑：用诙谐有趣的言语开玩笑。

④至理：真理，最精深的道理。

【译文】

天底下没有过不去的事情，只要你肯忍耐一时，一切都会平安无事。这就像邻里之间相处，往往因为鸡犬之类不值得一提的琐碎之事，引起争端以至于诉讼，经官府审断是非曲直；或者因为一句玩笑，发展到口角争斗。这都是因为不能忍耐一时之气，从而酿成非告官诉讼难以解决的大事端。孔子说："小事如果不能忍受，就会扰乱大的计划。"圣人的话，包含着精深的道理啊！

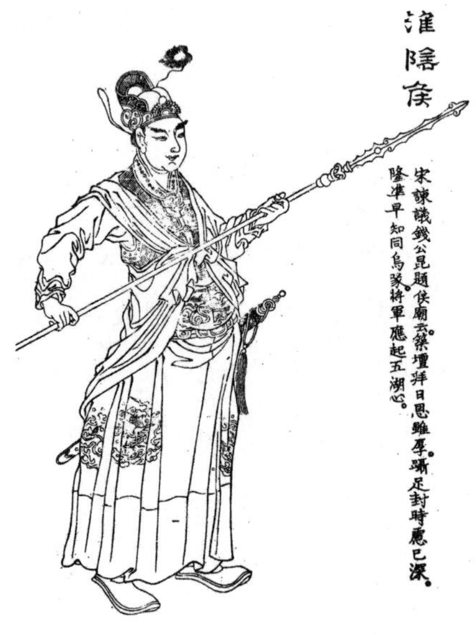

韩信像（清・上官周）

【解读】

古往今来，凡是能成大事的人，多在于能"忍"。苏秦能忍妻嫂之羞，才有后来身佩六国相印的荣耀；韩信能忍

胯下之辱，遂有后来的拜将封王之功。凡是败事者，则多在于“不忍”。楚霸王不忍见“江东父老”之羞，落了个“乌江自刎”的结局，一世英名尽付流水；吴三桂不忍“夺妾”之耻，“冲冠一怒为红颜”，在改写明朝历史的同时，却不得不承受“贰臣”的屈辱，以至于留下千古骂名。而当今，许多高官因贪污受贿等原因纷纷被拉下马，也是因为当初一时忍受不了金钱物质等诱惑，遂在敛财敛色的泥潭里越陷越深。“忍”乃是一门高深的学问，很值得人们钻研探究。尤其在纷繁复杂的社会中，是否能忍一时之忿，不仅关乎一个人将来的发展，同时也是衡量一个人涵养素质的尺度。

一念之微　非理即欲

训曰：人心一念之微，不在天理，便在人欲。是故心存私便是放，不必逐物驰骛[①]，然后为放也；心一放便是私，不待纵情肆欲[②]，然后为私也。惟心不为耳目口鼻所役，始得泰然。故《孟子》曰：“耳目之官不思而蔽于物，物交物，则引之而已矣。心之官则思，思则得之，不思则不得也。此天之所以与我者。先立乎其大者，则其小者不能夺也。此为大人而已矣。”

训曰：朱子云：“人作不好底事，心却不安，此是良心。但被私欲蔽锢[③]，虽有端倪[④]，无力争得出，须是着力与他战，不可输与他。知得此事不好，立定脚跟硬地行，从好路去，待得熟时，私欲自住不得。”此一节语，乃人立心之最要处。良心能胜私欲，为圣为贤，皆此路也。欲立身心者，当详究斯言。

【注释】

①驰骛：驰骋，奔走。

②纵情肆欲：放纵感情和欲望。

③蔽锢：禁锢蔽塞。

④端倪：头绪，迹象。

【译文】

训言说：人心所产生的哪怕是一个微小的念头，不在于对天理的追求，便在于人的私欲。因此人只要心存私念，便是恣肆放纵，不一定非要追求外物，好高骛远，然后才能称得上是恣肆放纵；人心只要一放纵，便是自私的念头，不用等到放纵自己的感情和欲望，然后才可以说是有了私念。只有心灵不为眼耳口鼻之类的感觉器官所役使，才会沉着镇定、不慌不乱。因此《孟子》说："耳朵与眼睛这些感觉器官因为不会思考，所以常常被外物蒙蔽。物与物相互接触，于是就把耳目引向了歧途。心这种器官是专门用来思考的，思考便得到了天理，不思考就难以得到。这是上天特意赋予我们人类的。因此，先树立它这个大的，那么那些小的次要的就难以与之相争夺了。这作为君子也不过如此而已。"

训言说：朱子说："人做了什么不好的事情，会感到于心不安，这就是所说的良心。可是如果良心被私利欲望禁锢遮蔽，即使有良心发现的迹象，也没有力量挣脱出来。必须使出浑身的力量与私欲抗争，千万不可输于它。知道这件事不好，就不要去做它，站稳脚跟，在硬地上行走，从好路上去，等到心智成熟之后，私欲自然会难以立足。"这一段话，乃是人树立信心的关键所在。良心能够战胜私欲，成为圣人或者贤人，都要走这条路。想要修身立心的人，应当详细深究这段话的内蕴。

【解读】

人在一念之间所作出的决定，往往会对自己产生很大的影响，甚至会造成终生难以挽回的遗憾。人生一世，难止一欲。因为贪欲的难止，人的私心就会战胜良心，做出有违道德伦理的事情。因此，南宋时期著名的理学家朱熹强调"存天理，灭人欲"，这是有道理的。天理可以帮助人们战胜自私的心理，引导人们理智地考虑问题。这里康熙所强调的"天理"和"人欲"，以及良心与私心，都是对朱子观点的进一步阐发，这些观点对于我们如何为人处世具有很好的指导作用。它可以使人

南宋理学家朱熹像

们抑制自己的贪欲，理智地规划生活，处理好个人与社会的关系，使自己的人格进一步得到提升。

一念不正　即而正之

训曰：人惟一心，起为念虑[1]。念虑之正与不正，只在顷刻之间。若一念之不正，顷刻而知之，即从而正之，自不至离道之远。《书》曰：“惟圣罔念作狂，惟狂克念作圣。”一念之微，静以存之，动则察之，必使俯仰无愧[2]，方是实在工夫。是故古人治心，防于念之初生、情之未起，所以用力甚微而收功甚巨也。

【注释】

①念虑：思虑。

②俯仰无愧：上对得起天，下对得起地。比喻没有做亏心事，因而内心不感到惭愧。

【译文】

训言说：人只有一颗心，心一动就会产生思虑。思虑的正与不正，只在于心动的那一瞬间。如果有一个念头不正，很快就可以知道它是不正确的，立即进行纠正，自然就不会与正道背离太远。《尚书》中说：“如果圣人没有善念，也可能会变成狂人；即便是一个狂人，如果能克制狂妄的意念，一心向善，也会变成圣人。”一个念头的微妙，在于它存在于平静之中，通过人的行动就可以详察其端倪。一定要做到仰无愧于天，俯无愧于地，才是实实在在的真功夫。所以，古代的人治心，常常是在意念刚开始产生、感情还没有萌动的时候，就注意防范，所以费力小而收效却很大。

【解读】

一个人的意志决定着一个人的行动，心思的对错决定着行动的对错。也就是说，一个人的善念决定着其善的行动，恶念决定着其恶的行动。因而，要想阻止恶的行为，就需要从阻止邪念的产生开始。佛偈云：“佛在灵山莫远求，灵山自在汝心头，人人有座灵山塔，心向灵山塔下修。”人们学佛拜佛，实际上就是修行心中之善。善的意念占据人的整个心灵，恶念自然就无法侵蚀，从而就会抑制邪恶的行动。如果不正的念头已经产生，但能及时察觉并正而灭之，仍不失为善人。古人修心的功夫值的我们学习。

杂念不起　灵府清明

训曰：学以养心，亦所以养身。盖杂念不起，则灵府[①]清明，血气和平，疾莫之撄[②]，善端[③]油然而生，是内外交相养也。

【注释】

①灵府：指心。语见《庄子·德充符》：“故不足以滑和，不可入于灵府。”成玄英注：“灵府者，精神之宅，所谓心也。”

②撄：触犯，纠缠。

③善端：善念善言善行的开端。

【译文】

训言说：学习既可以养心神，也可以养身体。种种思虑不萦绕于心，内心就会澄澈空明，周身的血气平稳通畅，疾病就难以入侵，从而使身心愉悦，善念也就开始自然产生。这是身心相互养生的道理。

【解读】

学习的过程，同时也是提高人的道德修养、精神素质的过程。因而，学习能够使人澄净思虑、身心愉悦。古人向来重视学习，孔子曾经把学习当成一件快乐的事情，他曾经对人说过：“学而时习之，不亦说乎！”也就是说，自己在学习的过程中，身心也得到了愉悦。这种对待学习的态度，在当今应当大力提倡。当今社会有很多人不仅不把学习当成一件轻松愉快的事情，反而当成一件苦差事。有的人为了考取某一种证书而疲于奔命，有的人是迫于老师和家长的严命督促而勉强应付。这样的学习不仅于身心无益，反而会加重心理负担和身体的疲惫感。对于一些教育部门来说，也需要改变

过去那种填充式的教育方法，“寓教于乐”，让学习者在轻松愉快的环境中得到知识的积累与素质涵养的提升。因此，这就需要我们借鉴古人的学习方法，改变不合理的教育方式，端正应有的学习态度。只有这样，才能够有所提高和发展。

恻隐之心　人皆有之

训曰：仁者以万物为一体，恻隐[①]之心，触处[②]发现。故极其量，则民胞物与[③]，无所不周；而语其心，则慈祥恺悌[④]，随感而应。凡有利于人者则为之，凡有不利于人者则去之。事无大小，心自无穷，尽我心力，随分各得也。

【注释】

①恻隐：怜悯同情。

②触处：到处，随处。极言其多。

③民胞物与：民为同胞，物为同类。泛指爱世间一切人和事物。

④恺悌：和乐平易。

【译文】

训言说：仁德的人把万物作为一个整体，其同情怜悯他人的善心，随处都可以发现。因此极言之，则把民众视为同胞，看万物为同辈，没有不周全的地方；说到他的心，则是仁爱慈善、和乐平易，随感而应。凡是有利于人的就去做它，凡是不利于人的就把它舍去。事情没有大小之分，心思自然也就没有穷尽，倾尽我所有的能力，使各人都能有所得。

【解读】

孟子曾言：“恻隐之心，人皆有之。”同情弱者或者不幸的人，是一个人所具有的善良的本能。一个人没有同情心，不懂得同情和帮助他人，只能是一个自私自利的小人，很难成为一个有仁有义、德行高尚的君子。康熙所说的“民胞物与”，与孟子所说的“老吾老以及人之老，幼吾幼以及人之幼”如出一辙，都体现了“以己推人”，从而爱及天下所有人的博爱之心。在当今社会，我们仍需要这种对弱者给予同情的恻隐之心。需要对许许多多的弱者援之以手，对遭受天灾人祸者给予应有的同情和帮助，以使他们顺利地渡过难关。

敬畏之心　无时不存

训曰：人生于世，无论老少，虽一时一刻，不可不存敬畏之心。故孔子曰："君子畏天命，畏大人，畏圣人之言。"我等平日凡事能敬畏于长上，则不得罪于朋侪[①]，则不召过，且于养身亦大有益。尝见高年有寿者，平日俱极敬慎[②]，即于饮食，亦不敢过度。平日居处尚且如是，遇事可知其慎重也。

【注释】

①朋侪（chái）：朋辈。侪，辈，类。

②敬慎：恭敬谨慎。《诗·大雅·抑》："敬慎威仪，维民之则。"

【译文】

训言说：一个人生活在世上，无论是老年，还是少年，即便是一时一刻，都应当存有敬畏之心。所以，孔子说："君子敬畏天命，敬畏身居高位的王公贵族，敬畏圣人的言语。"我们平日所有的事情如果都能够做到敬畏长辈和上司，就不会得罪朋辈，更不会招致过错，而且对于如何保养自己的身体也会大有裨益。我曾经见过年高寿长的人，他们平时对人都非常恭敬谨慎，即便是对于饮食，也不敢超过限度。这类人平时生活尚且这样小心谨慎，遇到事情时他们是如何谨慎就可想而知了。

【解读】

明代政治家张居正说："惧则思，思则通微；惧则慎，慎则不败。"对于尊长，始终以一颗敬畏之心待之，不仅是与人交往应有的礼节，而且也是一个人为人处世立于不败之地的决定性因素。在我们与长辈、上级交往的过程中，没有哪个长辈或者上级喜欢自己的晚辈和下属忤逆自己的。对上司恭敬，

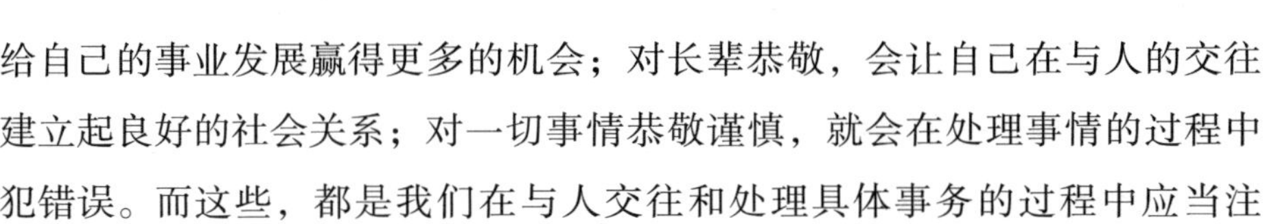

会给自己的事业发展赢得更多的机会；对长辈恭敬，会让自己在与人的交往中建立起良好的社会关系；对一切事情恭敬谨慎，就会在处理事情的过程中少犯错误。而这些，都是我们在与人交往和处理具体事务的过程中应当注意的。

持心坚定　处乱不惊

训曰：曩者三孽作乱[1]，朕料理军务，日昃不遑[2]，持心坚定，而外则示以暇豫[3]，每日出游景山骑射。彼时满洲兵俱已出征，余者尽系老弱，遂有不法之人投帖于景山路旁，云：“今三孽及察哈尔叛乱，诸路征讨，当此危殆[4]之时，何心每日出游景山?”如此造言生事，朕置若罔闻[5]。不久，三孽及察哈尔俱已剿灭。当时朕若稍有疑惧之意，则人心摇动，或致意外，未可知也。此皆上天垂佑，祖宗神明加护，令朕能坚心筹画，成此大功，国已至甚危而获复安也。自古帝王如朕自幼阅历艰难者甚少。今海内承平，回思前者，数年之间如何阅历，转觉悚然[6]可惧矣！古人云：“居安思危。”正此之谓也。

训曰：今天下承平，朕犹时刻不倦，勤修政事。前三孽作乱时，因朕主见专诚，以致成功，惟大兵永兴被困之际，至信息不通，朕心忧之，现于词色[7]。一日，议政王大臣入内议军旅事，奏毕佥出，有都统毕立克图[8]独留，向朕云：“臣观陛下近日天颜[9]稍有忧色，上试思之，我朝满洲兵将若五百人合队，谁能抵敌? 不日永兴之师捷音[10]必至。陛下独不观太祖、太宗乎? 为军旅之事，臣未见眉颦一次。皇上若如此，则懦怯[11]，不及祖宗矣。何必以此为忧也?”朕甚是之[12]。不日，永兴捷音果至。所以朕从不敢轻量人，谓其无知。凡人各有识见。常与诸大臣言，但有所知所见，即以奏闻，言合乎理，朕即嘉纳[13]。都统毕立克图汉仗[14]好，且极其诚实人也。

【注释】

①三孽作乱：指吴三桂、尚可喜、耿精忠等人发起的三藩叛乱。

②日昃（zè）不遑：日昃，太阳偏西；不遑，没有时间，来不及。此指一直到太阳偏西还不得空闲。

③暇豫：悠闲逸乐。

④危殆：危险，危急。

⑤置若罔闻：放在一边，好像没有看见一样。指不加理睬。

⑥悚然：形容恐惧、害怕的样子。

⑦词色：言语和神色。

⑧毕立克图（1609—1681）：清朝将领，蒙古族，博尔济吉特氏，世居科尔沁。天聪（1627—1636）年间，隶属于蒙古正蓝旗。曾担任豫亲王多铎护卫，随征朝鲜及明锦州。顺治元年（1644），随多铎进潼关，后来又移师河南，下江宁（今南京），因镇压李自成起义军有功，于顺治四年授骑都尉世职，六年擢正蓝旗蒙古副都统，驻兵平阳。八年，兼礼部左侍郎，晋升一等轻车都尉。十年，调任户部左侍郎。十一年，随靖南将军朱玛喇至广东镇压李定国起义军，晋爵为三等男。

⑨天颜：天子的容颜。

⑩捷音：指胜利的消息，捷报。

⑪懦怯：胆小软弱。

⑫是之：以之为是，认为他说得对。

⑬嘉纳：赞许并采纳。

⑭汉仗：指体貌雄壮。也可指身体个头。

【译文】

训言说：过去三藩发动叛乱的时候，我处理军政事务，每天都是忙到太阳偏西，还不得空闲，但是我内心沉着安定，从外表上看，也显出悠闲的样子，每天都会出宫，到景山去练习骑马射箭。那时候，满洲的屯兵都已经出征，留下来的都是一些老弱病残之人，于是就有一些放肆妄为之人在景山的路旁投放禀帖，上面写道：“如今吴三桂等三个叛逆的孽臣与察哈尔布尔尼王子发动叛乱，各路大军正忙于征讨，在这种危急时刻，如何还有心每天到景山出游呢?”对于这种造谣生事的现象，我视而不见，听而不闻。不久，三藩和察哈尔叛乱先后都被剿灭。当时，我如果稍微有一点怀疑、恐惧的表

现，人心就会动摇，极有可能导致意外之事的发生，出现难以预料的可怕后果。这都是有赖于上天保佑，祖宗神明加以庇护，使我能够坚定信心，运筹帷幄，成就如此之大的功业，使濒临存亡边缘的国家恢复了安定的局面。自古以来，像我这样从小就经历艰难的帝王，实在是少之又少。如今四海之内一片承平景象，回顾此前数年之间是如何经历过来，反而让人感到悚然可惧。古人说："处在安乐祥和的环境之中，要多考虑随时可能发生的危险。"讲的正是这个道理。

皇帝出巡（局部）

训言说：如今天下太平无事，我仍然每时每刻不知疲倦地勤修政事。以前吴三桂等三孽臣发动叛乱的时候，因为我内心专精至诚，终于取得平叛的辉煌胜利。只不过我军被困在永兴的时候，信息不通，我内心焦急忧虑，不免在言语和脸上流露出来。有一天，议政王大臣进宫讨论军旅问题，奏议完毕之后，别的人都离去，只有都统毕立克图一个人留了下来。他对我说："我看陛下这几天脸上稍带忧虑之色，圣上试想，我大清满洲的兵将如果按五百人编为一队，那么谁能够和他们抵敌呢？过不了几天，永兴军队胜利的消息一定会传来。圣上您难道没看太祖、太宗的事迹吗？我从来没见他们为军旅的事情皱过一次眉头。圣上如果这样胆小怯懦，就难以和祖宗相比了！您何必为此担忧呢？"我认为他说得很对。果然，没过几天，永兴方面的捷报真的传来了。所以，我从来不敢小瞧他人，说别人无知。这是因为，每个人都有自己独到的见解。我经常和各位大臣说，你们只要有知道的、见到的，随时可以奏报我知。只要所言合乎情理，我就予以嘉奖，并且采纳他的建议。都统毕立克图体貌魁梧，而且是一个很诚实的人。

【解读】

大敌当前，临危不惧，方显英雄本色。作为领兵的统帅，不仅是坐镇帅帐，只凭发号施令指挥将士作战，更多的时候，还要亲临险地，与前方将士同甘苦、共患难。而身临险境时将帅的镇定自若，不但有利于稳定大局，同时也有利于鼓舞士气，赢得转败为胜的机遇。古往今来，这样的例子比比皆是。像诸葛亮智唱空城计、谢安闻捷报下棋如故等等，都显示了一个出色的军事家应有的胆略和勇气。康熙能够在三藩叛乱之时内心安定、外表沉着，更显示了一代帝王应有的胸襟和气魄。老子云："祸兮，福之所倚；福兮，祸之所伏。"安全与危险的变化往往是相互联系的，这就需要人们在遇到危难之事的时候沉着应对，不至于因为惊慌而乱了方寸，从而化险为夷，转危为安。我们当今虽然生活安逸舒适，但也应当考虑到随时都有可能出现的危险，比如火灾、水灾、地震、战争等，因而必须时时保持警惕。即便是灾祸来临，也不要惊慌，"兵来将挡，水来土掩。"有所备方能无患或者减少祸患。只有这样，才能够防患于未然，长期保持安稳状态。

贵人久坐　涵养所致

训曰：大凡贵人皆能久坐。朕自幼年登极以至于今日，与诸臣议论政事，或与文臣讲论书史，即与尔等家庭闲暇谈笑，率皆俨然[①]端坐，此乃朕躬[②]自幼习成，素日涵养之所致。孔子云："少成若天性，习惯如自然。"其信然[③]乎！

【注释】

①俨然：庄重严肃，整齐有序的样子。

②朕躬：我，多用于天子自称。

③信然：确实如此。

【译文】

训言说：大多显贵的人都能够长久地端坐不动。我自幼年登基开始一直到今天，与众位大臣在一起议论政事，或者与那些文臣讲解讨论书史，即便是闲暇时与你们在家庭之中轻松地谈笑，都是一本正经地坐在那里。这都是我从小养成了习惯，平时注重涵养的结果。孔子说："从小养成的习惯就好像人的天性，习惯一旦养成也就成为自然而然的事情了。"确实是这样啊！

【解读】

能否久坐，虽然不是一个人显贵的标志，却能显示出一个人沉稳的风度和涵养，因此那些显贵的人大多都能够久坐。实际上，坐姿本身并不说明人的贵贱，它只是说明人的一种习惯，久而久之，便形成一个人特有的气质和风度。保持良好的习惯不仅使自己终身受益，而且也会给人留下良好的印象。所谓站有站相，坐有坐相，坐姿也是有讲究的。我们现代有好多年轻人，在公众场合坐着，不是跷着二郎腿，就是勾着脚尖，或者弓腰缩背，左顾右盼等等，这些都是坐姿不文明的表现。同时，坐姿不当还会对人的身体健康有所损害，会引发腰椎间盘突出症、颈椎病、腰肌劳损、弓腰驼背等，这些都是我们需要久坐时应当注意的。

涵养此心　体谅他人

训曰：凡人平日必当涵养此心。朕昔足痛之时，转身艰难，足欲稍动，必赖两傍侍御人那移①，少着手即不胜其痛。虽至于如此，朕但念自罹②之灾，与左右近侍谈笑自若，并无一毫躁性生忿③，以至于苛责人也。二阿哥在德州病时，朕一日视之，正值其含怒，与近侍之人生忿。朕宽解之，曰："我等为人上者罹疾，却有许多人扶持任使，心犹不足。如彼内监或是穷人，一遇疾病，谁为任使？虽有气忿，向谁出耶？"彼时左右侍立之人听朕斯言，无有不流涕者。凡此等处，汝等宜切记于心。

【注释】

①那移：同"挪移"，转动，移动。

②罹：遭受苦难和不幸。

③躁性生忿：因为性格急躁而生气。

【译文】

训言说：凡是人平日都必须修养自己的身心。过去我脚痛的时候，连转身都十分艰难。只要稍微动一动身体，都要身边的近侍帮助挪移，稍微住一下手不扶东西，就感到痛苦难当。虽然到了这种地步，我也只是思量这是自己所遭受的灾难，与身边服侍我的人仍然轻松地谈笑，并没有丝毫急躁发脾气，以至于苛责别人。二阿哥在德州生病的时候，有一天我去看他，正赶上他满脸含怒，对手下人大发脾气。我宽慰劝解他说："我们这些身在上位的人生了病，还有许多人在身边服侍，听任我们支使驱遣，内心还不知足。像那些宫里的太监，或者是贫穷的人生了病，又有谁听任他们使唤呢？纵然是他们心里有怒气，又向谁去发呢？"当时，那些在两旁侍立的人听了我这番话，没有不感动得流泪的。凡是这些细枝末节之处，你们务必切切实实地记在心里。

【解读】

孔子曾经说过："不迁怒，不贰过。"心情不好或者身体不舒服的时候，应学会自己克制或忍耐，而不应迁怒他人。即便是对自己的下属和供使唤之人，也应当体谅他们。这是因为，别人并不是自己的出气筒，无论是上司对下属，长辈对晚辈，父母对子女，无缘无故发起脾气都是不应该的。与人交往应当以德服人，而不是以威服人。孟子曾经说过："以力服人者，非心服也，力不赡也；以德服人者，中心悦而诚服也。"康熙身为皇帝，能够体贴、理解下人，使下人怀德感服，这不能不令人从心底对他叹服、尊敬。可以说，这为我们当今一些政府、事业、企业单位的领导如何与下属处理好关系，树立了榜样的作用。从个人来说，时常控制自己的情绪，是修身养性的方法之一。每个人都有自己的脾气，但要做到引而不发。那些对下属颐使气指的人，都是由于心胸狭窄、涵养不到所至。我们当今有些人也是这样，自己心情不好，总喜欢拿别人出气。结果，自己的心情没有平静下来，反而无意中伤害了别人。可以说，这一点是我们需要引以为戒的。

祛病养生

训曰：诸样可食果品，于正当成熟之时食之，气味甘美，亦且宜人。如我为大君，下人各欲尽其微诚，故争进所得初出鲜果及菜蔬等类，朕只略尝而已。未尝食一次，也必待其成熟之时始食之。此亦养身之要也。

病不忌医　当告始末

训曰：人有病，请医疗治，必以病之始末详告，医者乃可意会，而治之亦易。往往有人不以病原告之，反试医人之能识其病与否，以为论难，则是自误其身矣。又病各不同，有一二剂药即瘳[①]者，亦有一二剂药不能即瘳者。若急望效，以一二剂药不见病减，频换医人，乃自损其身也。凡人皆宜记此。

【注释】

①瘳（chōu）：数种疾病一起消除，指身体全面康复。

【译文】

周敦颐像

训言说：人有病，请医生进行疗治，必须把病情的始末缘由详细告诉医生，医生才能够对病情了然于心，治疗相对也就容易一些。可往往有人非但不告诉医生生病的原因，反而试探医生能不能知道他的病状，以此来为难医生，结果却是自己耽误了自己的身体。再加上人的病情各不相同，有吃上一两剂药就能好的，也有仅吃一两剂药不能好的。如果着急盼望立即见效，吃了一两剂药不见病情好转，就频繁地更换医生，而结果只能是延误病情，损害自己的身体。每个人都应当记住这一点。

【解读】

人不可对医生隐瞒疾病，更不可讳疾忌医。宋代周敦颐说：“今人有过，不喜人规，如讳疾忌医，宁灭其身而无误也。”而《韩非子》中也曾记载蔡桓公因为讳疾忌医而病入膏肓，最终导致不治而亡的事例。可见不及时延请医生诊治病情的危害之大。作为病人和病人的家属，首先要相信

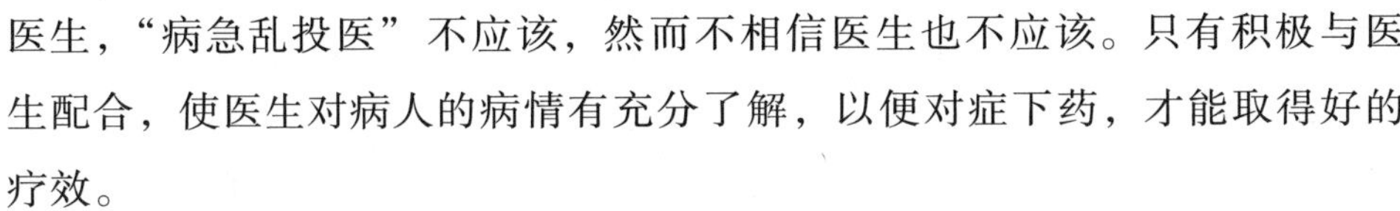

医生，“病急乱投医”不应该，然而不相信医生也不应该。只有积极与医生配合，使医生对病人的病情有充分了解，以便对症下药，才能取得好的疗效。

洞察病源　对症下药

训曰：医药之系于人也大矣！古人立方①，各有定见，必先洞察②病源，方可对症施治。近世之人，多有自称家传妙方，可治某病；病家草率③，遂求而服之，往往药不对症，以致误事不小。又尝见药微如粟粒，而力等大剂，此等非金石之酷烈，即草木中之大毒。若或药投其症，服之可已；万一不投，不惟④不能治病，而反受其害。其误人也，可胜言⑤哉！故孔子曰：“某未达，不敢尝。”正为此也。

训曰：药品不同，古人有用新苗者，有用曝干⑥者，或以手折口咬，撮合一处。如今皆用曝干者，以分量称合，此岂古制耶？如蒙古有损伤骨节者。则以青色草名绰尔海之根，不令人见，采取食之，甚有益。朕令人试之，诚然。验之，即内地之续断⑦。由此观之，蒙古犹有古制。药惟与病相投，则有毒之药，亦能救人；若不当，即人参，人亦受害。是故用药贵与病相宜也。

【注释】

①立方：此指建立为病人治病的药方。

②洞察：深入、清楚地察知。

③草率：轻率，不慎重。

④不惟：不仅，不但。

⑤胜言：胜过用语言表达。即用语言表达不尽。

⑥曝干：晒干。

⑦续断：中药名。又叫和尚头、接骨草，多年生草本植物，其根可入药，因能续折接骨而得名。产于江西、湖北、湖南、广西、四川、贵州、云南、

西藏等地。

【译文】

训言说：医药对于人来说关系可大了！古人为病人开出治病的药方，各自都有自己一定的见解和主张，一定要先深入摸清病源所在，才能够对症下药，施用于病人。近世的人，有不少自称家里有祖传的治病良方，可以治愈某一种疾病，而病人和家属往往轻率地相信，于是求来按方服用，可结果往往药不对症，以至于耽误了大事。又曾见有的药物像粟粒一样细小，但其药力与大药剂一样强大。这种药不是性能酷烈如同金石，就是草木中的大毒之物。如果这种药的性能与病人的病情相投，吃了它就可以治好病人的病症；万一与病人的病症不符，不但治不了病，反而会深受其害。这种药误人不浅，是用语言难以表达尽的啊！因此孔子说："对于某种不了解不明白的东西，不敢轻易尝试。"正是因为这个原因。

训言说：药品的用法不同，古人有直接用新苗的，有用晒干的，也有用手折断或者用口来咬碎，然后撮合在一起的。如今都是用晒干的，先按分量称好，然后再和在一起，这难道是古代的炮制方法吗？例如蒙古有损伤骨节的人，常用一种名叫绰尔海的青草根治疗，而且不让人看见，采来吃了，对治疗病痛很有用。我特意命人试它，果然很好。把它拿来仔细检验，发现它其实就是内地所产的续断。从这件事来看，蒙古至今还存在着古代的规矩。药物只要与病对症，即便是毒药也是能够救人的。如果使用不当，即便是人参，对病人也是有害的。因此，用药最重要的是与病人的病症相适应。

【解读】

医生开药方，只有摸清病人的病源，才能够对症下药。作为病人，不要相信那些江湖庸医所开的单方。《韩非子》云："以肉去蚁，蚁愈多；以鱼驱蝇，蝇愈至。"药不对症，非但治不了病，有时甚至会耽误大事。用药对症，即便是毒药也会产生神奇的疗效。同时，能否治愈病人的病也与用药的剂量有很大的关系。康熙所言及的这些用药对症方能治病救人的道理，对我们今天的医学来说，仍然是不可多得的经验之谈。

深究医理　济世存心

训曰：朕自幼所见医书颇多，洞彻[①]其原故，后世托古人之名而作者，必能辨也。今之医生所学既浅，而专图利，立心不善，何以医人？如诸药之性，人何由知之？皆古圣人之所指示者也。是故朕凡所试之药与治人病愈之方，必晓谕广众；或各处所得之方，必告尔等共记者，惟冀有益于多人也。

训曰：古人有言："不药得中医。"非谓病不用药也，恐其误投耳。盖脉理[②]至微，医理至深。古之医圣医贤，无理不阐，无书不备，天良[③]在念，济世存心，不务声名，不计货利，自然审究详明，推寻备细，立方切症，用药通神[④]。今之医生，若肯以应酬之工于诵读之际，推求奥妙，研究深微，审医案，探脉理，治人之病如己之病，不务名利，不分贵贱，则临症必有一番心思，用药必有一番识见，施而必应，感而遂通，鲜有不能取效者矣。延医者慎之！

【注释】

①洞彻：通晓，透彻了解。

②脉理：医道，医术。

③天良：天赋与人的善良之心，即人生来具有的良知。

④通神：通于神灵，指本领极大，才能非同一般。

【译文】

训言说：我从小见过的医书很多，如果能够透彻地了解这些医书的本来面目，那么对于后人假托古人的名义而撰写的那些医书，就一定能辨其真伪。如今的医生所学到的医术很浅，又只想获取暴利，其心的定位本来就不周正，凭什么去医治他人呢？例如各种药的性能，人们根据什么来知道它的呢？都是古代的圣人所指点明示的啊！因此，凡是我所尝试服用过的药和把人的病治好的药方，我一定明白地告诉很多人；或者我从各处得到的药方，一定会告诉你们都要牢记，只希望对许多人都有好处。

训言说：古人有句话说："有病不吃药，等于得到一个中等水平的医生治疗。"这并不是说生病不用吃药，而是怕病人病急乱投医。脉理最为微妙，医理最为深奥。古代医学方面的圣贤，无论什么医理都能阐明，什么样的医书都备有，内心存有生来就具备的良知，一心只想着如何接济和救助世人，不贪求声名，不计较财货与利益的得失，自然就能够详细地审察、分析研究病情，全面细致地推理询问，开出的药方能够切合病人的病症，用药会产生通灵神奇的疗效。如今的医生，如果肯把应酬敷衍的功夫用在诵读医书，推求医学领域的奥妙，探究医理的深微，认真研究医案，探索脉理，为别人治病，就如同给自己治病，不图名利，不以贵贱对病人区别对待等方面，那么，遇到病症时就会用心对待，用药也一定会有一番合理的见解，对病人进行治疗定会立竿见影，从而使病人感受到通神一般的疗效，很少有用药不见效的病例。所以延请医生要慎重啊！

【解读】

治病救人本是一种高尚的职业，因此，作为医生不仅要有高尚的职业道德，更要有丰富的医学知识。尤其是古代的医书，一定要予以重视，深刻分析其医理，辨其真伪，详细掌握各种药的性能。只有这样才能丰富自己的医学知识，提高自己的医术水平，从而达到治病救人的目的。像古代的孙思邈、李时珍等人，都是在掌握丰富的医学知识的基础上，历尽千辛万苦，长途跋涉，实地考察各种药物的性能，并亲自尝试各种药的作用，才著书立说、成名成家的。康熙在训言中，对古代的医学圣贤很推崇，高度赞赏了他们的医德。他要求医生在拥有丰富的医学知识的同时，还要医人如医己，不图名利，无论贵贱贫富一视同仁。在当今，有不少医生则缺乏这种高度的敬业精神，对病人不负责任，收受病人红包，职业道德滑坡。康熙这些有关医术医德方面的见解，对我们今天医生的治病救人，仍具有很大的启发。

勿轻灸病　免身徒苦

训曰：灸病[1]者非美事，而身亦徒苦。朕年少时尝灸病，厥后受亏，即艾[2]味亦恶闻矣，闻即头痛。徒灸无益，尔等切记，勿轻于灸病也。

【注释】

①灸病：这里主要指用艾灸病。灸，本义是用艾烧灼，属于中医的一种治疗方法。

②艾：多年生草本植物，也叫艾草。嫩叶可食，老叶可用作针灸用。

【译文】

训言说：用艾灸病并非好事，而且身体也白白受苦。我年轻的时候曾经用艾灸病，从那以后身体反倒受到亏损，即便是艾草的味道也讨厌再闻，闻了就会感到头痛。只是用艾灸的方法灸病，没有什么好处，你们千万要记住，切不可轻易用艾灸法治病。

【解读】

用艾灸病如果用对症，会有一定的疗效。但如果用不对症，或者灸法错误，不但不能治病，反而会对身体有所伤害。康熙以自己的亲身经历告诫人们，不要轻易用艾灸病，其目的就是怕这种医病的方法误导于人，反而耽误了病情。我们当今也是这样，不要听人说针灸能治病就轻易尝试此法，一定要有确切的把握，以保证应有的疗效。

居家在外　惟宜洁净

训曰：尔等凡居家在外，惟宜洁净。人平日洁净，则清气[1]着身；若近污秽，则为浊气所染，而清明之气渐为所蒙蔽矣。

【注释】

①清气：中医学名词，指水谷精华的稀薄精微部分，与浊气相对。

【译文】

训言说：你们无论是居住在家还是奔波在外，都应当保持自身的整齐与干净。人在平时养成洁净的习惯，那么清新明朗之气就会附着在他的身上；如果接近污秽的环境，就会被污浊之气所感染，而清新明朗之气也逐渐被污浊之气所遮蔽掩盖。

【解读】

清者自清，浊者自浊。外表的整洁与否直接影响着一个人的形象气质。衣服不需要穿得多么雍容华贵，也未必需要高级名牌，但必务整齐干净。有一个洁净的生活习惯，会使人神清气爽。无论是留给外人的感觉，还是对于自身，都会有一种清爽之感。古人如此，我们现代人也是这样。

饮食之制　养身正道

训曰：节饮食，慎起居，实却病[1]之良方也。

训曰：养生之道，饮食为重。设如身体微有不豫[2]，即当节减饮食，然亦惟比寻常稍减而已。今之医生，一见人病，即令勿食，但以药物调治。若或内伤饮食者，禁之犹可；至于他症，自当视其病由，从容调理，量进饮食，使气血增长。苟于饮食禁之太过，惟任诸凡补药，鲜能[3]资补气血，而令之

充足也。养身者宜知之。

【注释】

①却病：消除病痛。

②不豫：不舒服。

③鲜能：很少能。

【译文】

训言说：在饮食方面有所节制，在起居方面有所谨慎，实在是祛除与预防疾病的良方。

训言说：在养生的方法中，饮食是最为重要的。假如某人身体稍微有些不舒服，就应适当地节制、减少饮食，但这也只是比平常略微减少一些而已。如今有些医生一见到病人，就告诫病人不要进食，只是用药进行调治。如果是因为饮食不当而有内损的话，禁止饮食还可以；至于其他方面的病症，就应当根据发病的原因，慢慢地进行调理，适量进一些饮食，以促使血气增长。如果在饮食方面过分地禁止，只是依赖各种补药，很少能够真正滋补气血，并使气血充足的。养生的人应当明白这些道理。

【解读】

人们常说：十分病，七分养。意思是说病的康复主要是靠饮食的调节和生活起居的保养，而不是依赖用药。宋代的陈直曾言：“善服药者，不如善保养。”我们知道，古人善于养生，而且很重视在日常生活中对身体进行调整。比如宋代的苏轼以酒泡脚、清代的袁枚通过游览名胜强身健体等，都是比较好的养生方法。确实，我们的日常饮食中有很多有益于身体的营养成分，这是任何药物都不能替代的。清代“扬州八怪之一”的郑板桥曾撰写过一副“青菜萝卜糙米饭，瓦壶天水菊花茶”的对联，一语道出了饮食养生的秘诀。尤其那些久治不愈的病人，单单依靠药物治疗效果甚微，只有通过药物治疗与饮食营养搭配的结合，才能够滋补气血，增强身体对疾病的抵抗力。而我们现代人养生，往往注重各种营养保健品，而对日常饮食多有忽略，结果钻进了养生的误区。收效甚微不说，还可能使自己的身体每况愈下，这实在是得不偿失的。

各类果品　食之以时

训曰：诸样可食果品，于正当成熟之时食之，气味甘美，亦且宜人[①]。如我为大君[②]，下人各欲尽其微诚[③]，故争进所得初出鲜果及菜蔬等类，朕只略尝而已。未尝食一次，也必待其成熟之时始食之。此亦养身之要也。

训曰：朕每岁巡行临幸处[④]，居人各进本地所产菜蔬，尝喜食之。高年人饮食宜淡薄，每兼菜蔬食之，则少病，于身有益。所以农夫身体强壮、至老犹健者，皆此故也。

【注释】

①宜人：使人感到舒适。

②大君：天子。

③微诚：微薄的诚意。

④临幸处：指皇帝巡幸时所到的地方。

【译文】

训言说：各种各样可以食用的果品，在它们正成熟的时候再去吃它，其味道香甜可口，而且也对人的身体有益。我作为一国之君，手下的人都想向我表达他们的忠诚，因此争着进献他们所得到的刚刚出产的新鲜水果和蔬菜等，我只不过是略微尝一下罢了。即便是那些一次都没有吃过的水果，我也要等到它完全成熟的时候，才开始吃它。这也是重要的养身之道。

我每年巡行的时候，所到之处，当地人将本地所产的蔬菜各自献上，我曾经很喜欢吃它。老年人的饮食宜以清淡为主，一日三餐多吃一些蔬菜，就可以少生疾病，有益于身体的健康。那些农民之所以身体强壮、一直到老年身体还健康，都是因为多吃蔬菜的缘故。

【解读】

各种水果和蔬菜，最好在它成熟的时候再去吃。这样不仅吃起来口感好，营养也更丰富。水果和蔬菜有益于人的身体健康，这是毋庸置疑的。尤其对

于老年人，果蔬更是养生不可缺少的必备佳品。相对于古人，我们现代人所能吃到的蔬菜水果虽然品类更加繁多，但从养生角度讲却令人不无忧心。因为我们所吃的蔬菜水果，不是使用农药、化肥，就是使用催熟剂和增鲜剂等化学制剂，而这些，都是对人身体有害的。人们很难再吃到纯天然的、没有喷洒过农药和使用助长剂之类的无公害应季水果和菜蔬，另外，大量反季果蔬的上市，虽然满足了人们的口腹之欲，其味道和营养价值却大打折扣。所幸的是，人们已经逐渐注意到了这一点，应季和无污染无公害果蔬越来越受到人们的重视。

日常饮食　宜身为上

训曰：凡人饮食之类，当各择其宜于身者。所好之物，不可多食。即如父子、兄弟间，我好食之物，尔则不欲；尔不欲食之物，我强与汝以食之，岂可乎？各人所不宜之物，知之即当永戒。由是观之，人自有生以来，肠胃自各有分别处也。

【译文】

训言说：每个人于饮食之类的东西，应当选择适合于自身的。即使是自己喜欢吃的东西，也不要多吃。就如同父子、兄弟之间，我喜欢吃的东西，你未必想吃；你不想吃的东西，我勉强给你吃，这怎么可以呢？每个人所不适用的东西，知道以后就要永远戒止。由此来看，人自从有生以来，肠胃就有各自的不同之处。

【解读】

每个人的饮食习惯、爱好有所不同，因此，吃东西不在于好赖，能够适合自己的胃就好。否则，即便是山珍海味，不是自己喜欢吃、适合吃的，也不会对身体有益。比如人参虽然是上好的补药，但对于身体虚弱的人来说，却不宜用于进补。红糖虽然暖胃，但对于上火的人来说却不宜食用。不爱吃辣椒的人看到辣椒就心有恐惧，不爱食酸的人一闻到醋味就会感到反胃。这是因为，每个人的体质不同，肠胃的适应程度也不尽相同，勉强进餐会适得其反。所以，吃什么，怎么吃，应当根据自己的身体状况和饮食习惯。平常与人打交道，尊重对方的饮食习惯是最起码的礼节之一，也是能够与人和睦相处的基本保证。

保养身体　重在衣食

训曰：人于平日养身，以怯懦[1]机警为上。未寒凉即增衣服，所食物稍不宜即禁忌之。愈谨慎、愈怯懦，则大益于身。但观老大臣辈尽皆如此。朕每见伊等常以机心[2]戏之，然机心第不可用之于他处。若各用之于养身，其有益无比也。

训曰：凡人养身，重在衣食。古人云："慎起居，节饮食。"然而衣服之系于人者亦为最要。如朕冬月衣服宁过于厚，却不用火炉。所以然者，盖为近火则衣必薄，出外行走，必致感寒。与其感寒而加服，何如未寒而先进衣乎?

训曰：朕出猎在外，虽遇极寒时，不下帽檐，面庞、耳轮，一次未冻。然而寻常在家，衣必厚实。盖出猎在外，必预防寒冷。若寻常居家，偶尔出行，忽感寒气者有之，宜常防范。

【注释】

①怯懦：谨小慎微，指处事小心谨慎。

②机心：机巧功利之心，巧诈之心。

【译文】

训言说：人们平时保养身体，应以小心谨慎、机敏警觉为上上之策。天气还未冷的时候，就应当考虑增添衣服，所吃的食物，稍微不适应就应当禁忌。越是谨慎，越是小心，那么对身体就会越有好处。看看那些年老的大臣们，全都是这样。我每次见到他们常以"巧诈之心"逗他们，只是这种心计不能用在别的地方。如果把它用于养身，那么它的益处就没有可比的了。

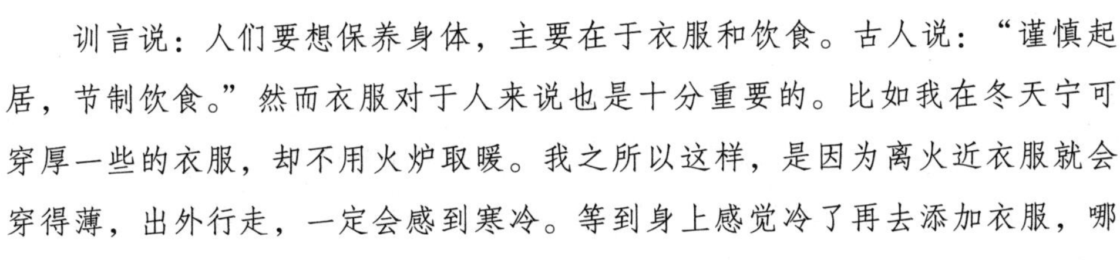

训言说：人们要想保养身体，主要在于衣服和饮食。古人说："谨慎起居，节制饮食。"然而衣服对于人来说也是十分重要的。比如我在冬天宁可穿厚一些的衣服，却不用火炉取暖。我之所以这样，是因为离火近衣服就会穿得薄，出外行走，一定会感到寒冷。等到身上感觉冷了再去添加衣服，哪里比得上在感到寒冷之前就先加上衣服呢？

我出外打猎的时候，即便遇到特别寒冷的天气，也不放下帽檐，面庞和耳轮却一次也没有冻伤。然而平常在家，却一定要穿厚实暖和的衣服。这大概是打猎在外，一定会注意预防寒冷。像平常待在家里，偶尔出外走动，可能会有忽然感受风寒的情况，因此应当经常加以防范。

【解读】

天气未冷即添衣，肚腹将饱即止食，以免造成身体的不适。可以说这是最佳的养生方法。孔子云："过犹不及。"一旦造成身体的负累，势必对身体造成负面的影响，情况严重者有可能因此酿成大病甚至会危及生命。所以，康熙所说的"慎起居，节衣食"对于我们今天养生仍然是一个很好的借鉴。在当今，由于时代的发展和社会的进步，人们的生活方式发生了很大的变化。尤其是许多上班族，熬夜加班，作息没有规律，饮食没有节制，从而影响了身体的健康。还有许多爱美的女孩子，宁要风度，不要温度，冬天已经很冷了，身上却依然穿得很单薄，更有甚者，为了保持苗条的身材而不惜忍饥挨饿。为了美，竟然忘了古人"楚王好细腰，宫中多饿死"的惨痛教训，实在是得不偿失。

养身饮食　水最重要

训曰：人之养身，饮食为要，故所用之水最切。朕所经历多矣，每将各地之水，称其轻重，因知水最佳者，其分两甚重。若遇不得好水之处，即蒸水以取其露，烹茶饮之。泽布尊旦巴胡突克图[①]多年以来所用，皆系水蒸之露也。

【注释】

①泽布尊旦巴胡突克图：简称泽布尊旦巴，是外蒙藏传佛教最大的活佛世系，属于格鲁派，形成于17世纪，与内蒙古的章嘉呼图克图并称蒙古两大活佛。是与达赖喇嘛、班禅额尔德尼、章嘉呼图克图齐名的藏传佛教的四大活佛之一。

【译文】

训言说：人保养身体，最重要的是饮食，所以，所喝的水是至关重要的。我所经历的事情很多，经常从各地取来水，称出它们的重量，因此知道最好的水，其分量很重。如果在遇不到好水的地方，就蒸水取它的蒸馏水，煮茶来喝。泽布尊旦巴胡突克图多年来所喝的水，都是通过蒸水所取得的蒸馏水。

【解读】

布来基曾经说过："水是万物之首。"在我们日常生活中，水的重要性自不必言。可以说，它是维系人们生命最基本的物质资源，离开了水，再丰盛的食物也难以下咽，再好的生活环境也难以生存。因此，我们需要保护好水的环境，杜绝水污染，才能使人们喝到放心洁净的水。尤其是当今，在水资源缺乏、水环境受到不同程度污染的情况下，我们更应该重视对水资源的保护。

不以口腹　肆情忽脍

训曰：饮食之制，义取诸鼎[①]，圣人颐养之道也。是故古者大烹，为祭祀则用之，为宾客则用之，为养老则用之，岂以恣[②]口腹为哉？《礼·王制》曰："诸侯无故不杀牛，大夫无故不杀羊，士无故不杀犬豕，庶人无故不食珍。"《论语》曰："子钓而不纲，弋不射宿。"古之圣贤，其于牺牲[③]禽鱼之类，取之也以时，用之也以节。是故朕之万寿与夫年节有备宴恭进者，即谕令少杀牲。正以天地好生，万物各具性情而乐其天，人不得以口腹之甘而肆情炰脍[4]也。

【注释】

①鼎：古代烹煮用的器物，也可作为礼器。

②恣：放纵。

③牺牲：供祭祀用的纯色全体牲畜。色纯为“牺”，体全为“牲”。

④炰脍（fǒu kuài）：炰，蒸煮；脍，细切的肉。

【译文】

训言说：饮食制度，其大道取之于作为礼器的鼎，这是圣人保养身体的途径。因此古代的人烹饪丰盛的食物，主要是用于祭祀，用于宴请宾客，用于供养老人，难道是为了满足口腹之欲吗？《礼记·王制》说：“诸侯无缘无故不宰杀牛，大夫无缘无故不宰杀羊，士无缘无故不杀猪狗，平民百姓无缘无故不吃珍馐美味。”《论语》说：“孔子钓鱼但不用网捕鱼，不用箭射夜宿的鸟。”古代的圣贤，对于祭祀用的牲畜以及禽鱼之类，总是按一定季节来获取，享用也有所节制。因此在我的寿诞之日和每年的节日，有准备宴席进呈给我的，就下谕旨让他们少杀牲畜。正是因为天地有好生之德，万物才具有各种各样的性情，而快活地享受着它们的世界，人们不要为了满足自己口腹的甘美而肆无忌惮地蒸煮它们。

【解读】

丰盛的宴席，一般只用于招待宾客，或者盛大节日的庆祝，这种风俗习惯是自古就有的。平常的一日三餐，多以粗茶淡饭为主。大鱼大肉之类的食物虽然更能增进人们的食欲，但从养生的角度来说，反而不如粗茶淡饭更有利于身体的健康。尤其是过多地食用鱼肉之类的东西，会引发各种疾病，诸如脂肪肝、高血压、高血脂等。现代之所以有不少人“三高”，与生活饮食的不节制不无关系。所以，倡导素食，仍是我们用来养生的重要理念。禁止滥杀生，不仅是为了保护自然界的生灵，而且也是为了保持生态平衡。

饮酒有节　昏乱不侵

训曰：朕自幼不喜饮酒，然能饮而不饮。平日膳后或遇年节筵宴之日，止小杯一杯。人有点酒不闻者，是天性不能饮也。如朕之能饮而不饮，始为诚不饮者。大抵嗜酒则心志为其所乱而昏昧[①]，或致病疾，实非有益于人之物，故夏先后以旨酒为深戒也。

训曰：原夫酒之为用，所以祀神也，所以养老也，所以献宾也，所以合欢也。其用固不可少，然而沉酣湎溺[②]不时不节，则不可。是故先王因为酒礼：宾主交错，揖让升降，温温其恭，威仪反反；立监佐史，常以三爵为限，况敢多饮乎？此先王之所以戒酒失也。奈何今之人无故而饮，饮必醉而后已。富家子弟败家破产，身罹疾厄[③]，皆由于此；而贫穷者才得几文，便沽饮尽醉，行凶遭祸，抑何比比。故《周书》以酒为诰，而曰："我民用大乱丧德，亦罔非酒惟行。"

训曰：礼义之心，人皆有之，未有安心为非而逆乎人道者也。若或有之，不过百中一二。然此辈亦有所由起：或有负气而纵者，或有使酒而纵者。夫负气者，犹知顾忌；而使酒者，竟毫无所畏。此非其人为之，而酒为之也。故古之圣王远焉，贤士戒焉。世之好饮者，乐酒无厌，心恒狂乱，遂至形骸颠倒，礼法丧失，其为败德，何可胜言！是故朕谆谆教饬尔等断不可耽于酒者，正为伤身乱行，莫此为甚也！

【注释】

①昏昧：昏沉，失去知觉。

②沉酣湎溺：沉迷、醉心于饮酒。

③疾厄：疾病与灾难。

【译文】

训言说：我从小就不爱喝酒，是能喝而不喝。平时吃过饭以后，或者是遇上年节设宴摆筵的日子，也只是喝上一小杯。有人滴酒不沾，那是天生不能喝酒。像我这样虽能喝酒却有意不饮，才是真正的不饮酒。大概那些喜欢饮酒的人心志容易被扰乱，以至于神志不清，或许导致疾病的产生。酒确实是对人的身体没有好处的东西。所以，夏代先后对美酒加以禁止。

训言说：原来用酒，是为祭祀鬼神，供养老人，酬劳宾客，进行联欢的。酒的使用固然是不可缺少的，但如果一味地沉溺于美酒之中，以至于酣醉不醒，没有一定的时节限制，是绝对不行的。因此，先王特地制定饮酒的礼制：宾主之间相互敬酒，作揖谦让彬彬有礼，上下升降，恭敬温和，容貌举止威严庄重。同时，又设立监佐史，常常以三杯为限度，哪里还敢多饮呢？这也就是先王之所以告诫人们饮酒得失的原因。为什么现在的人常常无缘无故地饮酒作乐，一定要喝得酩酊大醉才肯罢休呢？那些富贵人家的子弟败家的败家，破产的破产，自身遭受疾病和困厄的折磨，都是由此引起。而生活穷困的人仅仅得到几文钱，便拿去买酒豪饮，以至于频繁地行凶遭祸，一个接一个。所以，《周书》把酒作为警戒，说："我朝百姓大乱，丧德败行，都是因为无节制饮酒的缘故。"

训言说：讲究礼仪、崇尚礼仪之心，是每个人都具有的。世上并没有心存不良而违背道德人伦的人。假如真有这种人，在一百个人中也不过才一两个而已。然而，这种人之所以弄到这种地步也是事出有因的：有的恃才使气而骄纵异常，有的嗜酒任性而任意所行。那些恃才使气、放纵恣肆的人，尚且知道有所顾忌；可是那些酗酒使性、嚣张跋扈的人，就可以说是毫无畏惧了。这并不是此人秉性如此，而是由于酒的作用才使他变得如此肆无忌惮。所以，古代的圣明君主有意疏远酒这种使人丧性败德的东西，许多贤德之士也对它十分警惕。世上那些喜欢喝酒的人，只顾贪杯而没有满足，结果其心常常被酒癫狂乱性，以至

酿酒的人

于神形错乱，礼义法度也随之丧失殆尽。就败坏道德方面的事例，哪里是说得完的呢！所以，我谆谆告诫、教导你们，千万不要沉溺于酒，正是因为酒对身体有所伤害，使人的德行败坏，可以说没有比酒更为严重的了。

【解读】

康熙这则训言，详细地说明了饮酒的危害。过量饮酒不仅伤身，而且还会乱性。因此，他再三告诫子孙不要沉溺于酒。历史上曾经出现过“绝旨酒”的大禹，也出现过“以酒为池，悬肉为林”的商纣王。鉴于酒的危害，康熙虽能喝酒，但他却不喝，确实为臣民和子孙带了个好头。这一点至今仍是我们要学习的。在当今社会，有不少人为了应酬，常常是三天两头的喝。为了显示自己豪饮，不喝醉不罢休，结果不但喝伤了身体，而且还因酒误事。更有甚者，因喝酒枉自送了性命。因而，康熙以身示范戒酒的行动，对后世之人也是一种鞭策和激励。

心情舒畅　易于消食

训曰：朕用膳后必谈好事，或寓目[①]于所作珍玩器皿。如是，则饮食易消，于身大有益也。

【注释】

①寓目：过目，观看。

【译文】

训言说：我吃过饭以后一定会谈论好的事情，或者观看所珍藏的珍玩器皿。如能做到这样，吃下的食物就容易消化，从而大有益于身体的健康。

【解读】

赏心悦目，心情舒畅，本是一件快意之事。心情好，即便是粗劣的饭菜也会吃得香甜，吃了容易消化；心情不好，再好的珍馐美味也难以下咽，吃下去很容易造成积食，从而影响人的身体健康。康熙饭后谈论好事或者观看珍玩器皿的习惯，可谓他养生的秘诀，值得后人效仿。

寡思养神　寡欲养精

训曰：庄子曰："毋劳汝形，毋摇汝精。"又引庚桑子[1]之言曰："毋使汝思虑营营[2]。"盖寡思虑所以养神，寡嗜欲[3]所以养精，寡言语所以养气，知乎此可以养生。是故形者，生之器也；心者，形之主也；神者，心之会也。神静而心和，心和而形全。恬静[4]养神，则自安于内；清虚栖心，则不诱于外。神静心清，则形无所累矣。

训曰：朕自幼所读之书，所办之事，至今不忘。今虽年迈，记性仍然。此皆素日心内清明之所致也。人能清心寡欲，不惟少忘，且病亦鲜也。

【注释】

①庚桑子：即庚桑楚，老子的弟子，《庄子·杂篇·庚桑楚》中的人名，或为虚构。

②营营：往来盘旋貌，此指为利禄而费心劳神。

③嗜欲：嗜好与欲望。多指贪图身体感官的舒适与享受之类的欲望。

④恬静：安静，闲适。

【译文】

训言说：庄子说过："不要过于劳累你的形体，不要分散你的精力。"又引用庚桑楚的话说："不要让你的脑袋整日为了功名利禄而费心劳神。"少思虑能够养神，少欲望可以养精，少费口舌可以养气，明白这些涵养精气神的道理，就可以养生。因此，形体是生命的器具，心是形体的主宰，神是心灵的聚所。精神安静，内心就会平和，内心平和，形体就会健康。保持安静的心态颐养精神，就会使身体内部各自相安；内心清净虚无，则不会被外界所引诱。精神淡定，内心澄明，形体自然就不会有什么能够牵累的了。

训言说：我从小所读的书，所办的事，到现在都没忘。如今虽然年纪老迈，记忆力仍旧和从前一样好。这都是我平时内心清澈明朗所致。人能够做到清心寡欲，不仅很少忘事，而且也很少生病。

【解读】

人的欲望是无止境的，而外界能够满足人的物质却是有限的。这就难免会造成人们的实际需求得不到满足，而这种不满足感过于强烈，往往会引起人们心理的不平衡，从而不利于人的身心发展。康熙的这篇训言一再强调寡言少欲利于养生，对于当今片面追求物质利益，心气过于浮躁的人们来说，无疑是一剂清火降温的良药。欲望少了，人的心气也就顺了；牢骚没了，人内心的邪火也就熄了，从而有利于身心的健康。在增强记忆力的同时，也达到了养生的目的。

人欲养身　无暴其气

训曰：孟子云："持其志，无暴①其气。"人欲养身，亦不出此两言。何也？诚能无暴其气，则气自然平和；能持其志，则心志不为外物所摇，自然安定。养身之道，犹有过于此者乎？

【注释】

①暴：滥用，糟蹋，损害。

【译文】

训言说：孟子说："保持自身的志向，不要损耗自身的血气。"人要想保养身体，也离不开这两句话。为什么呢？一个人如果真能做到不损耗血气，那么他自然就能够心平气和；能保持其远大的志向，那么他就不会被外物动摇自己的意志，内心就自然安定。关于养身的道理，还有比这更有用的吗？

【解读】

古人是非常重视养气的。孟子曾说过："吾善养吾浩然之气。"血气是维系人生命的根本，血气旺盛，人的生命力就会旺盛，内心就会安定。所谓养生，其实就是保养血气，通过血气的保养以达到精力的充沛和旺盛，最终达到延年益寿的目的。康熙所言的这些有关养生的学问，对于今天的我们来说，仍然是一个极好的借鉴。我们今天重视养生，仍需要通过补充血气来保养精

神，增强体力和精力。养生之道，千古一理。

顺应自然　于身有益

训曰：人于凡事能顺理之自然，则于身有益。朕今年高，齿落殆半，诸凡食物，虽不能嚼，然朕心所欲食者，则必烹烂或作醢酱①，以为下饭，并无一念自怨衰老。有自幼随朕近侍，时常以齿落身衰不得食诸美味、行走之处不能及人为恨，每向人前诉苦。此皆由于见理未明，不能顺其自然之故也。朕鉴夫此，惟宽坦从容，以自颐养②而已。

训曰：有人见朕之须白，言有乌须良方。朕曰："我等自幼凡祭祀时，尝以须鬓至白、牙齿尽黄为祝。今幸而须鬓白矣，不思福履所绥③，而反怨老之已至，有是理乎？"

【注释】

①醢（hǎi）酱：用肉、鱼等制成的酱。

②颐养：保养，保护调养。

③福履所绥：福履，犹"福禄"；绥，安也。意思是福禄所安。见于《诗·周南·樛木》："乐只君子，福履绥之。"

【译文】

训言说：如果一个人对任何事都能够顺其自然，就会对身体有好处。我如今年老了，牙齿几乎掉了一半，各种食物，虽然不能咀嚼，但只要是我想吃的东西，就一定把它煮烂，或者是做成肉酱，用它来下饭，并没有一点自怨衰老的想法。有一些从小跟随着我的近身侍卫，经常因为牙齿脱落、身体衰老，不能吃各种美食佳肴，行走不如别人腿脚灵便而遗憾，常常在人前诉苦。这都是因为对客观事物的规律不理解，不能顺其自然的缘故。我有鉴于此，只有心怀宽阔坦荡，从容镇定，自我保护调养罢了。

训言说：有人见我胡须花白，说他有可以使胡须变黑的良方。我说："我们从小时候起，凡是祭祀，就把胡须与鬓角变白，把牙齿全部变黄作为向神求福的祝告。如今终于有幸到了须鬓皆白的年龄，不寻思这是上天赐予自己的福禄，反而埋怨自己已经到了老年，难道说有这样的道理吗？”

【解读】

人的一生，和自然界的万物一样，都有一个由盛到衰的过程。因此，遵循事物的客观规律，顺应事物不同阶段的自然变化，就显得尤为重要。其实人生如四季，每个阶段都有其独特的美景。然而，在现实生活中，叹老、恐老者大有人在。这些人多不能正视年龄的逐渐衰老与岁月痕迹的发展变化，忌惮自己额角的皱纹、逐渐增多的白发等，有的甚至想通过美容驻颜来延缓自己的衰老。其实，这都是治标不治本的拙笨方法。保持乐观的心态，才是养生的秘诀，是延年益寿的良方。“笑一笑，十年少”，说的也正是这个道理。

人至高年　不能耐暑

训曰：老者尝云：“人至高年，则不能耐暑。”朕于此言常在疑信之间。厥后，年至五旬，即不能耐暑，些须受热，则内烦闷而不能堪。细思其故，盖由人年壮血气强盛，水火①平均，所以不显；年高血气衰败，水不能胜火，故不能耐暑。尔等此时还不在意，至年渐高，自觉之矣。

【注释】

①水火：中医和阴阳五行学说认为水和火是人的身体内两种对立统一的力量。

【译文】

训言说：老年人曾经说：“人一旦到了老年，就承受不了暑热了。”对于这句话，我一直是半信半疑。此后，等我到了五十岁的时候，就不像以往那样耐受暑热了，稍微感受到一点热，心里就会烦闷难耐。仔细思考其中的缘故，这大概是因为人年轻力壮的时候血气旺盛，水火均衡，所以即便是受外热身体的感觉也不明显。而到了老年血气衰败，水胜不了火，所以就耐不了暑热了。你们现在还不注意这一点，等你们到了年老的时候，自然也就会感觉到了。

【解读】

随着年龄的增长，老年人适应季节变化的能力也相应减弱。天热畏暑气，天冷畏严寒。因而需要根据季节的变化来调整自己的生活，以减少暑热严寒引起的身体不适。古人如此，今人亦然。康熙通过身体力行总结出来的生活经验，对于我们如何根据老人的自身条件安排好老人的生活大有裨益。我们应当遵循老人的身体条件和耐暑耐寒的能力，为老人创造一个合适的生活环境。

年老历深　不为所诱

训曰：吾人年岁老而经事多，则自轻易不为人所诱。每见道士自夸修养得法，大言不惭，但多试几年，究竟如常人齿落须白，渐至老惫[①]，观此，凡世上之术士[②]，俱欺诳[③]人而已矣，神仙岂降临尘世哉！又有一等术士，立地数十年，或坐小屋几载，然能久坐者不能久立，能久立者不能久坐。可知其所以能此，乃邪魅之术[④]耳。此皆朕历试之而知其妄者也。

【注释】

①老惫：年老体衰。惫，衰竭，危殆。

②术士：指懂巫术、法术或者道术的人。

③欺诳：用蛊惑人心的言辞欺骗迷惑别人。

④邪魅之术：歪门邪道的功夫或者技艺。

【译文】

训言说：我人虽年老但经历的事情也多，自然不会轻易被人所诱惑。每每见到道士夸耀自己修养得法，大言不惭，但只要多试上他几年，就会发现他最终也和普通人一样，牙齿脱落、须发斑白，渐渐显出一副疲惫的年老姿态。看到这些，始信世上所有的术士，都只不过是欺骗人罢了，神仙哪里能够降临到凡尘滚滚的人世间来呢！又有一种术士，能够在地上站立几十年，或者在小屋之中坐几年，但是能常久坐的就不能久立，能长时间站立的就不能久坐。由此可知，他之所以能做到这样，只不过靠那些歪门邪道的技艺罢了。这都是我通过多次试验他们，从而了解到他们的荒谬。

【解读】

老年人经历丰富，因而辨别是非的能力也强，不会轻易被人蛊惑。道教作为一种信仰修身养性还可以，但并非信奉道教的人就能长生不老。逐渐变老是任何人也改变不了的自然规律，那些自称修养得法的道士也不例外。至于那些歪门邪道的技艺，就更不用说了。或许一时还能蛊惑于人，但终究会被戳穿的。所谓的神仙，本来就是一个虚幻的存在，信则有，不信则无。人生于世，还是应当在真正的现实生活中寻找幸福和快乐。

谋略才艺

训曰：善书法者，虽多出天性，大半尤恃勤学。朕自幼好书，今年老，虽极匆忙时，必书几行字，一日亦未间断，是故犹未至于荒废。人勤习一事，则身增一艺，若荒疏则废弃也。

凡人学艺　必始于易

训曰：凡人学艺，即如百工[①]习业，必始于易，而步步循序渐进[②]焉，心志不可急遽[③]也。《中庸》云："譬如行远，必自迩；譬如登高，必自卑。"人之学艺，亦当以此言为训也。

【注释】

①百工：各行各业的工匠。

②循序渐进：按照一定的顺序、步骤逐渐进步。《论语·宪问》："不怨天，不尤人，下学而上达，知我者天乎。"朱熹注："此但自言其反己自修，循序渐进耳。"

③急遽：犹急速。

【译文】

训言说：人们学艺，就如同百工各自学习业务，一定要从容易学的地方入手，然后按照一定的顺序、方法和步骤一步步深入，内心不可以急迫。《中庸》说："就像人要走远路，一定要从近处开始；就像登临高山，一定要从山脚开始往上攀爬。"人们学习技艺，也应当把这番话作为垂训。

【解读】

无论学习何种技艺，都要经历一个从易到难、循序渐进的过程。《老子》云："天下难事，必作于易；天下大事，必作于细。"意思是说所有的难事都是从容易的事情开始做起的，所有的大事都是从细微的小事做起的。《老子》还说："合抱之木，生于毫末；九层之台，起于累土；千里之行，始于足下。"这句名言告诉我们，不管抱着多大的理想，都要踏踏实实从眼前的小事做起，没有一蹴而就的成功。所以，康熙强调凡人学艺应当像百工习业一样，一定要从容易的开始，并且要循序渐进，不能心急。我们如今学习各种知识也是如此，必须从最基本的知识开始学起，才能一步步由浅入深，而不能一学就从难处开始。

音律之学　贯通古今

训曰：音律之学，朕尝留心，爰知不制器无以审音，不准今无以考古。音由器发，律自数生，是故不得其数，律无自生；不考以律，音不得正。雅俗固分，而声协则一；器虽代革，而音调则同。故曰："以六律正五音，今之乐由古之乐也。"朕考核诸音律谱，按《性理》内《律吕新书》，黄钟律分围径长短，准以古尺，损益相生十二律吕，制为管而审其音。复以黄钟之积加分减分，制诸乐器而和其调。实以黍[①]而数合，播诸乐而音谐。因著为书，辨其疑，阐其义，正律审音，和声定乐，条分缕析，一一详明。盖天地之元声[②]，亘古今而莫易，联中外以大同，六合之内，四海之外，此音同，此理同也；百世之上，百世之下，此理同，此音同也。是故不知古乐而溺于今，非特不知古，并不知今也；必复古乐而不屑于今，非特不知今，终亦无从复古也。

训曰：声音之道，以和为本，故《书》曰："八音[③]克谐，无相夺伦，神人以和。"尝见近世之人：事儒学者空谈理数，拘守旧闻，而于声字之义，鄙而不讲；工师则专肄[④]声音，熟谙字谱，而于音律之原，茫然无知。殊不知"工""尺"等字，即宫商[⑤]之省文也。"工""凡""六""五""乙""上""尺"七字，而五声二变亦七音。工尺七字有出调，而五声二变亦旋宫[⑥]，旋宫则转调，而当二变者则出调。古圣立法，原自简易，而后之人反从难处探索奥理，却不知说愈繁而理愈晦。古之雅乐，惟用五正声而间以二变，谓之七音。今之南曲亦止用五字，而出调二字不用。北曲则杂以出调二字，名曰"北调"。然则古乐、今曲，何尝不以正变[⑦]之声而为宫调之准则耶？要之，乐以太和为本。是以古圣王惟得中声以定大乐，故与天地同和，荐之郊庙而鬼神享，奏之朝廷而人心风俗以淳也。

【注释】

①黍：本义为一年生草本植物，去皮后叫黄米。我国古代用黍百颗排列

起来，取其长度作为一尺的标准，称为黍尺。

②元声：指十二律中的黄钟。古人定十二律以黄钟之管为基准，因而名黄钟为元声。

③八音：音乐专有名词，指金、石、土、革、丝、木、匏、竹八种乐器。

④肄：学习，练习。

⑤宫商：古代音律中的宫音与商音，后来泛指音乐。

⑥旋宫：亦称“旋宫转调”。古代音乐理论术语，指宫音在十二律上的位置有所移动，同时，商、角、徵、羽各阶在十二律上的位置也随之移动。

⑦正变：指《诗经》的正风、正雅和变风、变雅及遵循其创作原则的作品。

【译文】

训言说：对于音律这门学问，我曾经留心过，于是知道不制成乐器就无法审定音律，不以今天为参照就无法考察古代。音乐从乐器发出，律管产生于度数，因此不懂得度数，律管是无法自己生成的；不考察律管，发出的乐音就不准确。雅与俗固然已经有所区分，但声调的和谐却是统一的；乐器虽然代代变革，但是发出的音调却是相同的。所以说：“用六律来订正五音，今天的音乐从古代的音乐中产生。”我考证各种音律谱，按《性理大全》中的《律吕新书》，黄钟律分围径长短，以古尺为标准，通过损益相生方法制定十二律吕，制成律管来审定乐音。再用黄钟之积加分或者减分，制作成各种乐器并调和它的声调，结果用黍尺来衡量它，恰好二者长度相当；用乐器来演奏音乐，音节和谐。因而撰写成书，辨析它的疑难之处，阐释它的意义。订正音律，审定音节，调和声调，制定乐谱，有条有理地逐步分析，一一详细阐明。大概天地之间的元声，贯穿古今而难以改变，联系中外而大体相同，在天地以内，四海以外，这个音如果相同，其道理也就相同；无论是百世以上，还是百世以下，这个道理相同，它的声音也就相同。因此，不懂古乐而一味地沉溺于今乐，不但是不知古，同时也是不知今。一定要恢复古乐而瞧不起今乐，不但不知今乐，最终也是没有办法恢复古乐的。

训言说：声音变化的法则，在于以和为本，故而《尚书》说：“金、石、

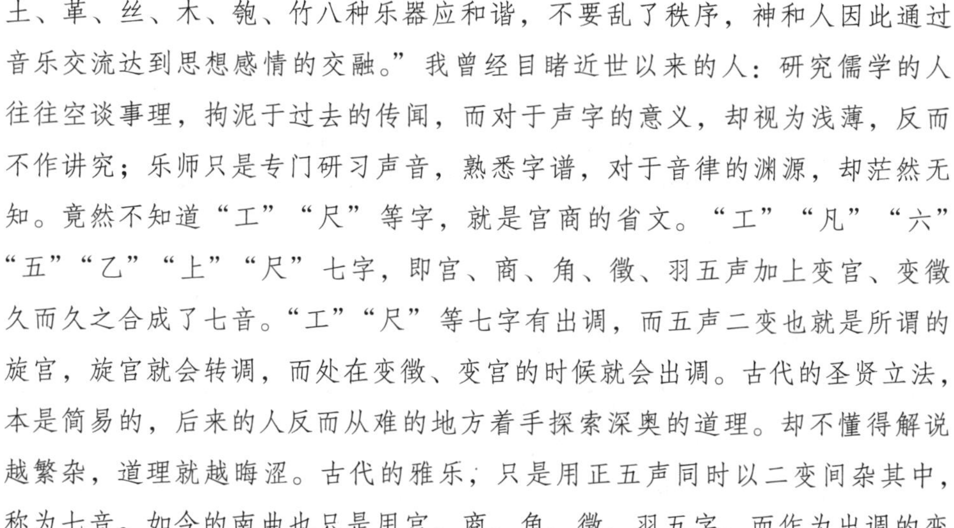

土、革、丝、木、匏、竹八种乐器应和谐，不要乱了秩序，神和人因此通过音乐交流达到思想感情的交融。”我曾经目睹近世以来的人：研究儒学的人往往空谈事理，拘泥于过去的传闻，而对于声字的意义，却视为浅薄，反而不作讲究；乐师只是专门研习声音，熟悉字谱，对于音律的渊源，却茫然无知。竟然不知道“工”“尺”等字，就是宫商的省文。“工”“凡”“六”“五”“乙”“上”“尺”七字，即宫、商、角、徵、羽五声加上变宫、变徵久而久之合成了七音。“工”“尺”等七字有出调，而五声二变也就是所谓的旋宫，旋宫就会转调，而处在变徵、变宫的时候就会出调。古代的圣贤立法，本是简易的，后来的人反而从难的地方着手探索深奥的道理。却不懂得解说越繁杂，道理就越晦涩。古代的雅乐，只是用正五声同时以二变间杂其中，称为七音。如今的南曲也只是用宫、商、角、徵、羽五字，而作为出调的变宫、变徵二字不用。北曲却与变宫、变徵二字相杂，名为“北调”。既然这样，古乐与今曲何尝不是以正变之声作为宫调的标准法则呢？总而言之，音乐以天地间的冲和之气为根本。因此，古代圣王只取中和之声来制定大乐，所以大乐与天地一样有着自然的和谐，把大乐进献到郊庙，鬼神就会安享；用在朝廷进行演奏，人心与风俗也就会淳朴敦厚。

【解读】

《礼记》云：“乐者，天地之和也。”音乐的美感在于和谐，因而，美好的音乐无论怎样变化，都离不开一个“和”字，这是古今皆同的至理。康熙所讲的音乐知识，对于当代音乐艺术的发展是一个很好的借鉴。我们今天的音乐虽然在演奏技巧上与古乐有很大的差异，且又受西方音乐很大的影响，但它毕竟是在古乐的基础上形成的，与古乐一脉相承。古人很重视音乐对人心、风俗的正面熏陶作用，我们现代音乐的娱乐性与商业性越来越强，但仍应以教化人心作为其根本价值取向，摒弃低级、庸俗之风。

诗之为教　所从来远

训曰：诗之为教也，所从来远矣。昔在虞庭，命夔[①]为典乐之官，以教胄子[②]曰："诗言志。"盖人性情之发，不能无所寄托，而诗则触于境而宣于言者也。自夫子删定而后，三百篇之旨粲然可睹[③]。采之里巷者为"风"，陈之朝廷者为"雅"，荐之郊庙者为"颂"。观其美刺，而善恶之鉴昭矣；观其正变，而隆替[④]之治判矣；观其升歌下管、间歌合乐[⑤]之所咏叹，而祖功宗德之实著矣。千载而下，因言识心，故曰"可兴、可观、可群、可怨"也。夫子雅言之教，称引诵说，惟《诗》最多。如《大学》《中庸》《孝经》，篇末必引《诗》以咏叹之，亦以见古人之斯须不离乎诗也。思夫伯鱼[⑥]过庭之训，"小子何莫学夫诗"之教，则凡有志于学者，岂可不以学诗为要乎？

【注释】

①夔：相传为尧舜时期的乐官。

②胄（zhòu）子：古代帝王或者贵族的长子。这里用来指帝王和贵族子弟。

③粲然可睹：义同"粲然可观"，形容事物色彩鲜明。也指成绩卓著，达到很高的水平。粲然：明白、明亮的样子。

④隆替：盛衰、兴废。

⑤升歌下管、间歌合乐：升歌，指祭祀、宴会登堂时演奏乐歌。下管，古代举行大祭等仪式，奏管乐者在堂下，故称管乐器为"下管"。间歌，指礼乐活动中，歌曲与笙曲相间表演时的歌唱部分。

⑥伯鱼：孔子的儿子孔鲤的字。

【译文】

训言说：诗的教育作用，已经有悠久的历史了。过去虞当政的时候，曾经任命夔为主管音乐的官员，令其用诗歌来教育帝王与贵族的子孙，说："诗用来抒发人的志向。"人性情的抒发，不能没有寄托，而诗正是通过外部环境，将人的感情用言语表达出来的主要方式。自从孔子删定之后，《诗》三百篇的旨意便清晰可鉴了。采自于民间的诗歌叫“风”，进献于朝廷的歌咏叫“雅”，用来祭祀天地、宗庙时所唱的乐歌叫着“颂”。看了那些褒美和讽刺作品，善恶的鉴别就显明了；而读了那些正风与变风、正雅与变雅的作品，那么对于兴衰成败的政治制度就可以加以判别了；观看堂上乐歌演奏与堂下管乐演奏、歌笙合拍的咏叹，列祖列宗的功德情况就显现出来了。千百年以来，我们仍然能够从古代诗篇的言辞中了解古人的心思，因此说诗“可以兴，可以观，可以群，可以怨”。孔子所倡导的用合乎规范的语言对人们进行的教育，所称引、诵说的古代典籍，唯有《诗经》最多。像《大学》《中庸》《孝经》等，篇末必定引用《诗经》来进行歌咏和感叹。由此可见，古人是片刻也离不开诗的。想想孔子在他的儿子伯鱼从庭下走过时，对儿子“小子何莫学夫诗”的教诲，那么，凡是有志于学问的人，哪能不把诗作为学习的主要内容呢？

【解读】

在这里，康熙主要阐发了诗的教育作用和古人对于诗歌的重视，从而进一步提出了凡是有志于学问的人应当把诗作为学习的主要内容的观点。古人看待诗歌，和我们现代人的观点不一样。现在我们多把诗歌看成文学艺术的一种形式，是用来抒发情感的；而

唐人诗意图（清·程璋）

古人则把诗看成宣扬政教的一种工具，多用来言志和进行美刺。孔子的“兴观群怨”说基本上概括了诗歌的主要功能，而儒家提倡的其他经典之书也与《诗经》有着不可分割的关系。如今，诗歌虽然不再直接作为统治者的政教工具，但作为文学艺术的一种主要表达形式，仍然占据着重要的地位。这是我们应当予以重视的。

曲解诗意　牵强附会

训曰：朱子云：“大率古人作诗，与今人一般，其间亦自有感物道情[①]，吟咏情性，几时尽是讥刺他人？只缘序者立例，篇篇作美刺[②]说，将诗人意思尽穿凿[③]坏矣。即如唐人工于诗者，应制赋诗，后人解之，以为讥刺朝廷，其于前人不太冤耶？”朱子此言最公，深得诗人之意。

【注释】

①感物道情：感物，因物兴感之意；道情，犹言情，即抒发内心的情感。

②美刺：歌颂与讽刺，指诗歌的两大社会功能。

③穿凿：指非常牵强的解释。即把本没有某种意思说成有某种意思。

【译文】

训言说：朱子说：“大概古人作诗，和今人相同，其中也自然会有受外物感染抒发情怀的诗歌，这些诗大多是吟咏自己的性情，哪里会都是讽刺他人？只不过因为作序的人立下了先例，每一篇都做歌颂与讽刺的解说，将诗人本来的意思都牵强附会坏了。就像唐人善于写诗的，本来是应制赋诗，后人解释它，把它理解为讽刺朝廷，如此理解对于前人来说岂不是太冤了吗？”朱子这番话最为公允，深得诗人的本意。

【解读】

欣赏诗歌，最好是体会诗人的本意。牵强附会，望文生义，只会造成对诗的误解。历史上不知有多少因错解诗文的意思，而酿成冤假错案的例子。北宋时期的“乌台诗案”就是鲜明的例子。康熙对于诗歌欣赏的见解颇为发

人深省，他认识到了诗歌作为艺术的独特性，看到了曲解诗意的危害，也指出了诗歌沦为政治工具的可怕性。诗歌是语言的艺术，是人们抒发情感的代言体。因而应从艺术的角度对其所描写的对象进行理解和认识，而不应把它作为政治攻击的工具。

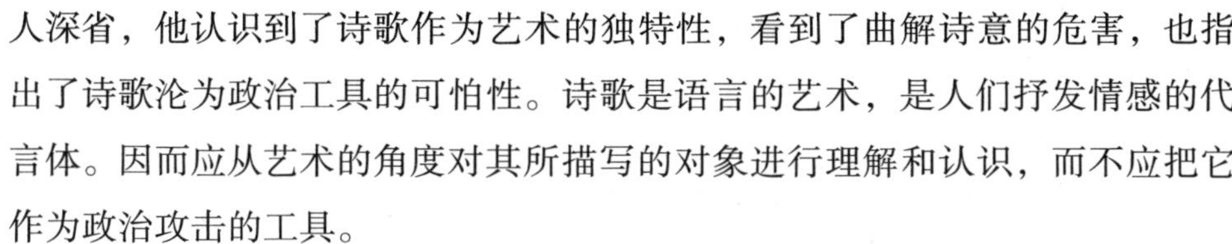

唐代诗歌　命意高远

训曰：唐人诗，命意高远，用事清新，吟咏再三，意味不穷。近代人诗虽工，然英华[①]外露，终乏唐人深厚雄浑[②]之气。

【注释】

①英华：本义指花木之美，这里用来比喻诗歌的精华。

②雄浑：雄健浑厚。

【译文】

训言说：唐代人的诗歌立意高远，引事用典干净利落，别出新意，反复吟咏，意味无穷。近代人的诗歌虽然文句工整，但精华外露，始终缺乏唐人那种雄健浑厚的气势与体魄。

【解读】

唐诗是我国诗歌史上一座难以逾越的高峰，其立意高远，引事用典自然贴切，无斧凿痕迹，意味隽永，使人读之回味无穷。可以说，这是后代诗歌难以企及的。然而，每一代诗歌都有自己的优点与长处，如宋诗、清诗等都各有特色。这就要求我们在高度评价唐诗的同时，对于每一代的诗歌优点和长处，以及其对于诗歌发展所作的贡献，都应当予以客观评价。

书法之要　在于心正

训曰：书法为六艺之一，而游艺[①]为圣学之成功，以其为心体所寓也。朕自幼嗜[②]书法，凡见古人墨迹，必临一过。所临之条幅手卷，将及万余，赏赐人者，不下数千。天下有名庙宇禅林，无一处无朕御书匾额，约计其数，亦有千余。大概书法心正则笔正，书大字如小字。此正古人所谓心正气和，掌虚指实，得之于心，而应之于手也。

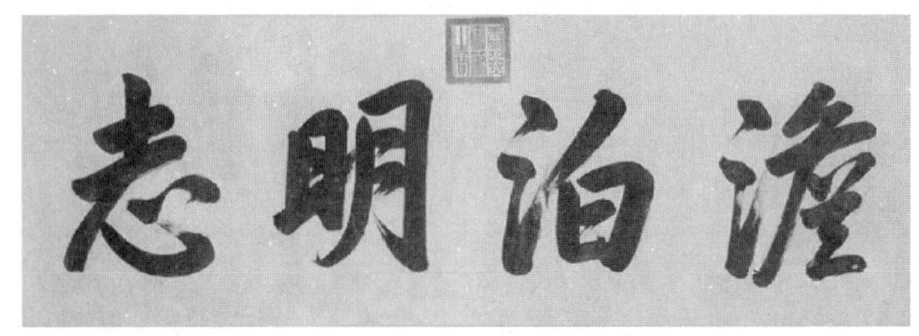

澹泊明志（康熙书法）

训曰：善书法者，虽多出天性[③]，大半尤恃勤学。朕自幼好书，今年老，虽极匆忙时，必书几行字，一日亦未间断，是故犹未至于荒废。人勤习一事，则身增一艺，若荒疏[④]则废弃也。

【注释】

①游艺：指游憩于六艺之中。出自《论语·述而》：“志于道，据于德，依于仁，游于艺。”

②嗜：喜欢，爱好。

③天性：亦可称为“本性”，是指人一出生就具有的秉性。

④荒疏：指学业、技术因为不经常练习而生疏。

【译文】

训言说：书法是六艺之一，而游憩于六艺之中是圣人治学成功的因素，这是因为六艺是人身心的寓所。我从小就喜爱书法，凡是能够见到的古人墨迹，一定要临摹一遍。我所临摹的条幅和手卷，有一万幅之多，赏赐给人的作品，也不下数千幅。天下有名的庙宇禅林，可以说没有一处不存有我书写的匾额的。粗略计算，也有一千幅之多。练习书法，大概只要做到心正笔就会正，写大字就像写小字一样。这正是古人所说的心正气和，掌虚指实，得之于心，而应之于手啊！

康熙御笔题写的承德避暑山庄匾额

训言说：擅长书法的人，虽然多出于天赋，但多半是依赖于后天的勤奋学习。我从小就喜爱书法，如今虽然年纪老了，但即便是在最忙的时候，也一定会写上几行字，一天也没有停止过，因此还不至于荒废。一个人勤奋学习某一件事情，其自身就增加了一种技艺，一旦荒疏它就等于废弃了。

【解读】

练习书法，一定要从练习古人的墨迹开始。王羲之“临池学书，池水尽黑”；智永积年学书，退笔成冢。可见要想在书法方面有一定的造诣，必须靠勤学苦练。练习书法可以修身养性，古人讲究心正则笔正，讲究心手的配合。“得之于心而应之于手”的境界，既需要平和的心境，也需要精到的笔法。只有二者结合得恰到好处，才能够写出自然洒脱的书法妙品。康熙在书法方面，也有精深的造诣，他关于学习书法的体会，可以说是练习书法的经验之谈。

凡学一艺　于身有益

训曰：人果专心于一艺一技，则心不外驰，于身有益。朕所及明季人与我国之耆旧[①]善于书法者，俱寿考[②]而身强健。复有能画汉人或造器物匠役，其巧绝于人者，皆寿至七八十，身体强健，画作如常。由是观之，凡人之心志有所专，即是养身之道。

训曰：朕避暑时，曾于乌城[③]、热河等处捕鱼，见侍卫、执事人中年纪幼小者，怜其未习于水，每怀怵惕[④]，故朕诸子自幼俱令其习水，即习之未精者，较之若辈亦大不同，所以行船涉水，总不为汝等牵挂也。可见为人凡学一艺，必于自身有益。我朝先辈尝言："一粒之艺，于身有益。"诚谓是与！

【注释】

①耆（qí）旧：年高望重的人。

②寿考：年高，长寿。

③乌城：承德避暑山庄附近的一个地名。

④怵惕：恐惧警惕。

【译文】

训言说：一个人如果真能专心于某一种技艺，其心思就会集中而不浮躁，这对于人的身体来说是大有好处的。我所接触的晚明人和我大清皇朝的故老中那些擅长书法的人，都是长寿而且身体健康的。还有那些精于绘画的汉人，或者是制造器物的工匠役人，他们中那些技巧超过常人的，大都活到了七八十岁的高龄，而且身体仍然强健，绘画、劳作如同年轻的时候一样。由此看来，人的心志有所专精，就是养身的方法。

训言说：我在夏天避暑的时候，曾经到乌城、热河等地捕鱼，看见侍卫们和下人中那些年纪幼小的，怜惜他们不会游泳，因此常常为他们感到担心和忧虑。所以，我让我的儿子们自幼便去学游泳，即便是学得不好的，和那

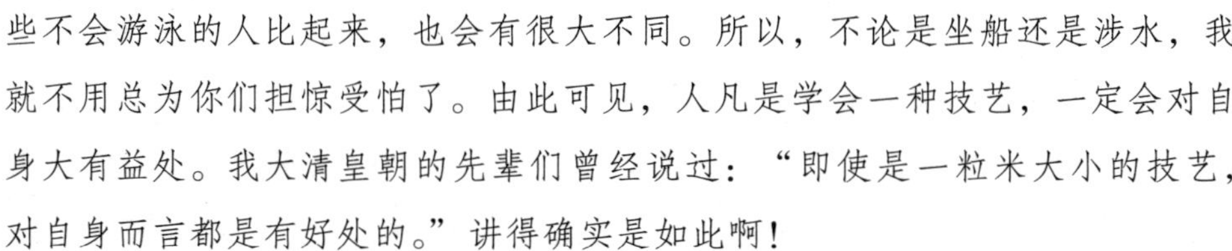

些不会游泳的人比起来，也会有很大不同。所以，不论是坐船还是涉水，我就不用总为你们担惊受怕了。由此可见，人凡是学会一种技艺，一定会对自身大有益处。我大清皇朝的先辈们曾经说过：“即使是一粒米大小的技艺，对自身而言都是有好处的。”讲得确实是如此啊！

【解读】

俗话说：家有千金，不如薄技随身。人有一技在身，不仅对自身大有好处，而且还能够修身养性。康熙对于技艺的重视，是基于技艺所带给人的好处而言的。相对于“万般皆下品，唯有读书高”的空洞说教，“一粒之艺，于身有益”的观点更具有针对性和实效性。在当今社会，拥有一技之长仍然是人们安身立命的根本。然而，会某种技艺的人大有人在，而专精于某一种技艺者却为数不多。很多人也只是从维持生活的角度来考虑学习某种技艺，并没有从修身养性的角度对技艺予以重视。可以说这一点我们还需要向古人学习。

自谓不能　自误其身

训曰：凡人读书或学艺，每自谓不能者，乃自误其身也。《中庸》有云：“有弗学，学之弗能、弗措[①]也……人一能之，己百之；人十能之，己千之。果能此道矣，虽愚必明，虽柔必强。”实为学最有益之言也。

【注释】

①措：废弃，搁置。

【译文】

训言说：人凡是读书或者学习某一技艺，每每自认为自己学不会的，其实都是自误其身。《中庸》里有句名言：“要么不学，既然学了，学不会就不要放弃……别人能够学上一次，自己就学上百次；别人能学上十次，自己就学上千次。如果真能做到这样，再愚笨的人也会变得聪明，再柔弱的人也会变得刚强。”这确实是对于治学非常有益的言论。

【解读】

无论学什么，要想学好，关键在于自信。一个不自信的人，是难以学好的。有了自信，再加上持之以恒的努力，再笨的人也会变得聪明，最终学有所成。萧伯纳说过："有信心的人，可以化渺小为伟大，化平庸为神奇。"这就要求人们：在决定学习之前，先要树立自信心，然后再付诸行动，一步一步走下去，直到最后学有所成。那些自认为学不会的人，其实是自己耽误了自己。

量己之能　知人之难

训曰：凡人能量己之能与不能，然后知人之艰难。朕自幼行走固多，征剿噶尔丹[①]三次行师，虽未对敌交战，自料犹可以立在人前。但念越城勇将，则知朕断不能为。何则？朕自幼未尝登墙一次，每自高崖下视，头犹眩晕。如彼高城，何能上登？自己决不能之事，岂可易视？所以朕每见越城勇将，心实怜之，且甚服之。

【注释】

①噶尔丹：清康熙年间厄鲁特蒙古准噶尔部首领，巴图尔珲台吉第六子。康熙九年（1670），其兄僧格在准噶尔贵族内讧中被杀。噶尔丹从西藏返回，夺得准噶尔部政权。从此开始反叛朝廷，三十六年（1697）三月，噶尔丹兵败势穷，暴病而死。

【译文】

训言说：人只有估量自己能做什么与不能做什么，然后才能知道别人从事某事的艰难。我从小走的路很多，因为征剿噶尔丹，曾经三次率师出征，我虽然没有直接与敌人面对面交锋，但我自认为还是可以站立在大军之前、近距离面对敌人的。但一想到那些攻城的勇士猛将，我就知道自己是绝对做不到的。为什么这样说呢？因为我从小没有登过一次墙，每当从高崖上往下观看的时候，就会感到一阵头晕目眩。像那样耸然而立的高城，我如何能够

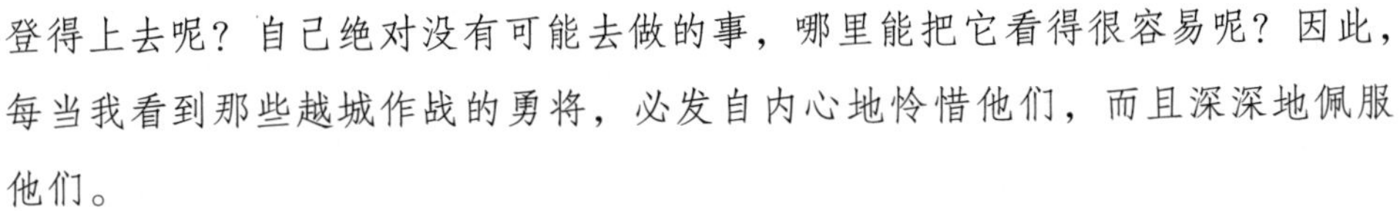

登得上去呢？自己绝对没有可能去做的事，哪里能把它看得很容易呢？因此，每当我看到那些越城作战的勇将，必发自内心地怜惜他们，而且深深地佩服他们。

【解读】

人不是万能的，谁都有所长和所短。从自己所不能做的，推想别人从事某事的艰难，自然也就理解了别人的难处。理解是人与人之间沟通的桥梁，只有以己度人，才能理解别人。以人之长，量己之短，才能促使自己不断进步。康熙身为一代帝王，拥有各种非凡的技艺与才能，尚能看到别人优于自己的地方，不因为别人某一方面胜过自己而嫉贤妒能，这一点是难能可贵的。

人之才行　辨其大小

训曰：人之才行，当辨其大小。在大位[①]者，称其清廉可矣。若使役人等，亦可加以清廉之名乎？朕曾于护军骁骑[②]中问其人如何，而侍卫有以“端密”[③]对者。军卒人等岂堪当此？“端密”乃居大位之美称，军卒止可言其“朴实”耳。

【注释】

①大位：显贵的官位。

②护军：清代以守卫宫城的八旗兵为护军。骁骑：清代的禁卫军兵士名。

③端密：正直精细。

【译文】

训言说：评价一个人的才能和品行，应当按其职务的大小进行分辨。处在重要的官位的人可以称他清廉。如果是一般的仆从杂役，难道也可以用“清廉”来称颂他吗？我曾经在护军骁骑中问某人怎么样，而侍卫有的用“端密”来回答，普通的兵卒怎么能担当起这样的评语呢？“端密”是用来对居于显要地位的高官的美称，普通的军中兵士只能称他“朴实”。

【解读】

与人相处，难免要评价别人或被人评价。然而，如何评价人，有一个原则，那就是对人作出评价要符合人的身份。不符合人身份的评价，即便是说得冠冕堂皇，也给人一种称誉不当之感。过高地称誉别人，难免有谄媚之嫌；而过低地贬斥别人，不但有损他人的声誉，而且也显示出评论者的心胸狭窄。所以，人生于世，“人前多言己过，背后莫论人非”固然令人可敬，而实事求是地评价别人，也不失为知人善任。

骑射之道　幼学乃精

训曰：射、御居六艺[①]之中，二者相资为用。古人御车虽见于经史，然其法不可得而详；而我朝满洲骑射，其功用则有不可胜言者。盖骑射之道，必自幼习成，方得精熟[②]，未有不善于驭马而能精于骑射者也。抑且乘骑不悍[③]，方克善驭。如我朝满洲并外藩诸蒙古，以及索伦、达呼里等俱娴于骑射者，盖因自幼乘马，十余岁即能驰骋，故尔马上纯熟，善于控御也。当猕狩[④]之时，猎骑云屯，风生电发，其中精于骑射者，人马相得，上下如飞，磬控[⑤]追禽，发矢必获。观之令人心目俱爽，诚所谓不失其驰、舍矢如破也。夫善驭马者之逐兽也，驰驱应范，远近合宜。即马之调习者，亦知人意之所向，兽远而就之使近，兽合而开之如法。恰当发矢之时，另有一番努力之状，是惟良骥[⑥]为然也。复有人精于驭马者，不择优劣，乘之惟见其佳。盖人能显马，而马亦能显人也。

古代骑射图

【注释】

①六艺：指礼、乐、射、御、书、数六种技能。出自《周礼·保氏》：

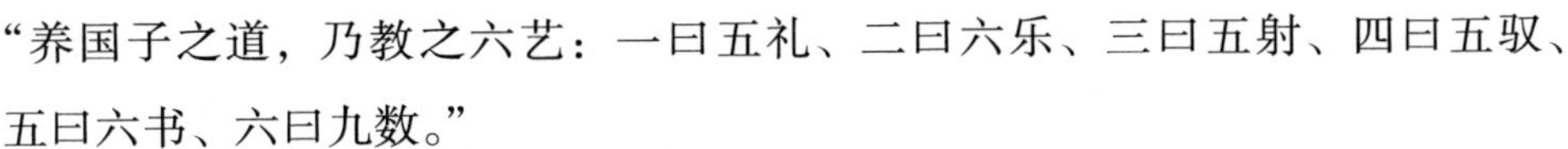

“养国子之道，乃教之六艺：一曰五礼、二曰六乐、三曰五射、四曰五驭、五曰六书、六曰九数。”

②精熟：精通熟悉。

③惮：畏惧，害怕。

④狝（xiǎn）狩：打猎。古代称秋季打猎为狝，冬季打猎为狩。

⑤磬控：纵马和止马。泛指驭马。

⑥良骥：品种优良的马。

【译文】

训言说：射箭和驾车是六艺中的两种，二者相互配合发挥着作用。古人驾车的事例虽然在经史上多有记载，但他们驾车的方法却是难得其详；而我大清皇朝的满洲骑射，其功用却是难以言尽。大概骑射这种技艺，一定要从小就学，才能够精通熟练，没有不会骑马而能够精通骑射之术的。只有不畏惧骑马，才能够很好地驾驭马。像我们满洲与外藩蒙古，以及索伦、达呼里等民族之所以都娴熟于骑射，大概是因为从小就骑马，十多岁就能纵马奔驰，因此马上功夫纯熟，善于控制驾驭马。当人们打猎的时候，猎马云集，呼啸生风，奔驰疾如闪电，其中那些骑射技术精湛的人，人与马配合得十分默契，一上一下就像飞起来一样，收纵自如地驱使着马匹追赶飞禽走兽，只要发箭必定有所收获。看到这种骑射技艺俱佳的精彩场面，不由会使人感到赏心悦目，这真可以说是不枉驱马奔驰，射箭定不虚发啊！善于骑马的人追赶禽兽，策马奔驰符合骑技规范，无论远近都能够得心应手。那些经过调教训练的马，也懂得人的意图所向，禽兽离得远就放开四蹄跑近它，禽兽聚拢在一起就设法使它们分开。正当骑手开弓放箭的时候，马儿也做出一番努力的姿态，只有良马才能做到与射猎之人的密切配合。当然，也有善于驾驭马的骑者，不论马是优是劣，只要他骑上去，就能人马配合得相得益彰。这是因为骑技精湛者能使马更好地发挥它作为脚力的作用，而优良的马也能使骑士更好地展现其骑技。

【解读】

满族和蒙古民族一样，也是一个马上民族。很多人从小就练习骑马射箭。等到长大成人，已成为技艺精湛的骑射手。因此，康熙才有骑射当从幼小时学起的经验。其实，不只是骑射，其他技艺，诸如舞蹈、戏曲、武术、杂技等，也都是从小学习比较好。自古英雄出少年，少年立志往往可以决定人的一生。骑马与射箭之所以一定要从小开始练习才能够技艺精湛，是因为幼小的时候人的筋骨还没有完全长成，轻便灵活，比较容易适应骑马等超强度的训练；而到了成年的时候筋骨就会变得僵硬，反而不利于进行超强体力的锻炼。因而凡是与超强度的体力训练有关的技术多从幼年便开始学习。

弧矢之利　以威天下

训曰：古昔征战，尝用弩箭[①]，至我朝时，弓矢甚利，故弃弩箭而不用。今苗蛮人[②]尚用弩箭者，彼处尽大山深涧，伊等鸟枪少，而弓矢又不能远射，故仍用弩箭。朕近日制弩试之，所至固远，然不得准，贯革力亦微。上弩而又加箭，亦不甚便，但平日作玩具可耳，实在应用之处，则不可恃。如我朝之弓矢，连射不误，贯革力大，迎敌者如何对立？是故自古以来，各种兵器能如我朝之弓矢者，断未之有也。

康熙戎装像

训曰：我朝祖宗开创以来，弧矢之利，以威天下，伐虢[③]安民，平定海内。今朕上荷祖宗庇荫，坐致升平，岂可一日不事讲习？故朕日率尔诸皇子及近御侍卫人等，射侯射鹄[④]，备仪备典，八旗官兵以时试肄。朕常临御校场，历观兵卒，等其优劣，赏赐褒嘉，黜陟劝勉，故尔旗分佐领，各各娴习[⑤]弓马，武备足观。《礼》曰：“男子生，桑弧蓬矢六，以射天地四方。”天地四方者，男子所有事也，故必先志于其所有事。又曰：“射者，进退周旋必中礼，内志正，外体直。”又曰：“立德行者莫如射，而射者所以观德也。”故“孔子射于矍相之圃，盖观者如堵墙”。《易》曰：“射隼射雉[6]。”《诗》曰：“决拾既佽[7]，弓矢既调。”“角弓其觩，束矢其搜。”“敦弓既坚，四鍭[8]既钧；舍矢既均，序宾以贤。”《书》曰：“若射之有志。”子曰：“射不主皮，为力不同科。”“射有似乎君子，失诸正鹄，反求诸其身。”周礼以射法治射仪，然则古圣经书，射以垂训，历历可监。习射上功，宾兴择士，况我国家，立德立功，振兴要务，自当严加训练，多方教谕，不可一刻废懈也。

【注释】

①弩箭：即弩弓，一种利用机械力量射箭的弓。

②蛮人：旧称未开化的南方少数民族。

③伐虣（bào）：征伐暴乱。虣，通“暴”。

④射侯射鹄：指用箭射靶。侯，用兽皮做的靶子。鹄，箭靶。

⑤娴习：熟悉。

⑥射隼（sǔn）射雉：高射鹰隼低射野鸡。

⑦决拾既佽（cì）：射箭的用具依次排列。决，通“抉”，古代射箭用具，多用骨制，套在右手拇指上，用以钩弦。拾，套袖，革制，套在左臂上，用以护臂。佽，依次排列。

⑧鍭（hóu）：古代打猎的一种箭。

【译文】

训言说：古时候两军交战，曾经使用弩箭，到我们清朝的时候，弓箭经过改进已经非常锐利，所以舍弃弩箭而不再用。如今苗族人还在使用弩箭，他们居住的地方全是高山深涧，鸟枪少，而弓箭又难以发挥远射的作用，故而仍旧使用弩箭。我近期制作了弩并试验它的效果，其发射的距离固然比一般的弓箭远，然而难以射准目标，其穿透甲胄的力量也微弱得多。上弩并且加箭，也不是很方便，平日里用来作为玩具还可以，正当的使用场合，就不能依靠它了。像我们清朝制造的弓箭，即便是连续发射，也不会错失目标，尤其是穿透甲胄的力量强大，是迎面的敌人难以抗拒的。因此自古以来，各种兵器能够像我们清朝的弓箭那样发挥威力的，是绝对没有的。

训言说：我大清皇朝自从祖宗开创基业以来，便拥有锐利的弓箭，因此威震天下。征伐暴乱，安抚百姓，终于统一天下。如今，我上承蒙祖宗庇护，轻而易举地得到一个和平稳定的天下。怎么可以一天不演习武艺、讲论兵法呢？因此我带领你们这些皇子以及近御侍卫等人，以箭靶为目标，弯弓射箭，完备礼仪制度。以八旗子弟为主的官兵按时进行比试练习。我经常亲自到校场，多次观看士兵操练，以对其优劣进行等级评定，并作为赏赐嘉奖、升迁罢黜的依据。因此，各旗分属于佐领统辖，分别练习弓马技术，武装整齐以备检阅。《礼记》说："男子出生之后，就给他一张桑木做的弓和六支蓬梗做的箭，让他用来射天地四方。"所谓天地四方，是男人所从事的事业，故而应当让他先立志于其所应当从事的事业。又说："善于射箭的人，进退时的动作一定要符合礼仪规范，内心的意志一定要正，身体一定要平直。"又说："树立德行，没有比得上学习射箭的了。而箭术的优劣正可以观察一个人的德行的高低。"所以"孔子在矍相的菜园里射箭，围观的人密集得像一堵墙一样"。《周易》说："高射鹰隼低射野鸡。"《诗经》说："射箭的用具依次排列，弓箭已经调好。""角弓的弦已经绷得很紧，被束缚的箭正在搜寻目标待发出。""宝雕之弓非常坚硬，四支箭已经均匀地搭在弓弦上，猛力发出同时射中靶心，周围的宾客次序排列显得高雅不俗。"《尚书》说："像射箭一样有目标。"孔子说："衡量射技的高低不一定要看是否穿透箭靶，因为每个人的力气大小不同。""射箭有些像君子行道，没有射中箭靶的中心，应该反过来从自身寻找原因。"周代的礼制用射箭的方法来制定燕射的礼仪，那么古代圣贤的经典之书，用射来作为垂示教训，可以清清楚楚地看到。在古代，学习射技被视为上功，统治者常以之设宴为尊贵的宾客助兴，用来选贤进能。何况我大清皇朝把射箭作为立功树德、国家振兴的首要任务，自然应当严加训练，多方教习，不要有片刻的荒废与懈怠。

【解读】

弓箭的发展，有着数千年的历史。早在商周时期，射就作为六艺之一受到人们的重视，它既可以强身健体，又显示了一定的礼仪，同时也是选贤进能和衡量德行的标准之一。满清民族和元朝的蒙古人一样，都以善射为名。锐利的弓箭，曾经是满清人的骄傲。清人依靠它，一举征服了天下，从而开辟了清朝三百年的基业。所以，康熙把弓箭放在用来威震天下的重要地位是可以理解的。在当今社会，弓箭虽不能在军事上发挥威力，但作为十八般武艺之一，仍然受到武林界和体育界的重视。同时，射箭作为中国文化中的非物质遗产，我们仍有必要将它发扬光大。

诚信孝道

训曰：朕今年近七十，尝见一家祖父子孙凡四五世者。大抵家世孝敬，其子孙必获富贵，长享吉庆。彼行恶者，子孙或穷败不堪，或不肖而陷于罪戾，以至凶事牵连。如此等，朕所见多矣。由此观之，惟善可遗福于子孙也。

实心相待 不务虚名

训曰：吾人凡事惟当以诚，而无务虚名。朕自幼登极，凡祀坛庙、礼神佛，必以诚敬存心。即理事务，对诸大臣，总以实心相待，不务虚名。故朕所行事，一出于真诚，无纤毫[①]虚饰。

训曰：凡天下事，不可轻忽，虽至微至易者，皆当以慎重处之。慎重者，敬也。当无事时，敬以自持，而有事时，即敬以应事。务必谨终如始，慎修思永[②]，习而安[③]焉，自无废事。盖敬以存心，则心体湛然[④]居中，即如主人在家，自能整饬[⑤]家务。此古人所谓敬以直内也。《礼记》篇首以“毋不敬”冠之，圣人一言，至理备焉。

【注释】

①纤毫：形容极其细微。

②慎修思永：慎修其身，思为长久之道。语出《尚书·皋陶谟》：“慎厥身，修思永。”

③习而安：养成习惯就自然了。

④湛然：安然，淡泊，清醒的样子。

⑤整饬：收拾整理，使有秩序。

【译文】

训言说：我们无论做什么事，都应当以诚心相待，不要追求虚名。我自幼年登上皇帝之位，凡是祭祀坛庙、礼拜神佛，必定心存诚敬。就是平常处理事务，对待众位大臣，也总是以一颗诚心相待，从来不图虚名。所以，我所做的一切都是出于真诚，没有丝毫的虚假浮夸。

训言说：凡是天下之事，不可以轻视疏忽。即便是那些极为细小极容易做的事情，也应当审慎对待。所谓慎重，就是“诚敬”的意思，当没有事的时候，时常以诚敬来约束自己，以保持应有的操守；当有事的时候，就用诚敬来应对所面临的事情。一定要做到始终小心谨慎，慎重地修养自我，

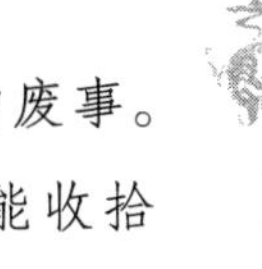

思虑做长远的打算，久而久之，习惯成自然，自然也就没有了所谓的废事。诚敬存在于心，整个身心都会澄澈宁静。就如同主人在家一样，自能收拾整理，使一切秩序井然。这就是古人所说的诚敬能使人内心正直。《礼记》把“毋不敬”三个字冠于书的篇首，圣人往往一句话，就道尽了最根本的道理。

【解读】

人生在世，不能没有信仰，但无论信仰什么，都必须以一颗诚敬之心对待。孔子云：“敬神如神在。”意思是说拜祭神佛之时应当把神佛当作真实存在一样，对其虔诚恭敬。尽管神与佛相对于人来说不是一个实际的存在，但作为一种信仰，毕竟有其存在的必然性与客观性。康熙能够“祭祀坛庙、礼拜神佛，必定心存诚敬”，确实为子孙后代起到了表率的作用。当今社会是一个信仰自由、多种信仰并存的社会，我们也应当以一颗诚敬之心对待自己的信仰。当然，这并不是说，在诸多信仰中唯我的信仰“独尊”，对于其他信仰和宗教，也需要给予尊重。

诚实守信　不欺于人

训曰：朕决不欺人，即如今，凡匠役①人等，各有密传②技艺，决不肯告人。而朕问之，彼若开诚明奏，朕必密之不告一人也。

【注释】

①匠役：指给官府或者官宦人家服役的工匠。

②密传：秘密传授。

【译文】

训言说：我决不欺瞒别人。就像当今那些从事各种技艺的能工巧匠，他们各自拥有自己的密传技艺，从来不肯传授于人。而当我问他时，他如果能够坦诚相见，毫无保留地对我如实以奏，我一定为其严守秘密，不告诉任何人。

【解读】

孔子曾言："乱之所生也，则言语以为阶，君不密则失臣，臣不密则失身，几事不密则害成。是以君子慎密而不出也。"为他人保守秘密，不仅可以减少或避免不必要的损害，而且也是取信于人的重要途径。当今社会，由于种种原因，人们的保密意识与保密观念日渐淡薄。许多个人信息、企业材料，甚至是国家机密，严重外泄，给不法之人和犯罪分子以可乘之机，保密工作受到严重威胁和挑战。当务之急，除了依靠法律规范保密条文外，还要进一步增强人们的保密意识和诚信观念。康熙能够以身作则，为他人保守秘密，以取信于他人的做法，使人们深刻认识到：管住自己的嘴比什么都重要，该说的说，不该说的不说，有百利而无一害。

久旱甘霖　心诚所致

训曰：兹[①]者一两年间，春夏之交稍旱，外边无知之人即妄言，以为大旱。朕少时，曾经正月至于六月不雨，朕于交泰殿[②]前圈席墙，在内三昼夜虔祷，虽盐酱小菜，一毫不食。步至天坛祈雨，去时天尚晴明，礼毕将回，即降细雨。及出坛门，则大雨倾盆，田亩尽濡泽[③]矣。今年未至若彼之旱，且朕年高，不能如彼时之斋戒步祷。身诚不能，乌用[④]欺众为哉？此亦朕生性不务虚饰之一端也。

【注释】

①兹：现在，此时。

②交泰殿：北京故宫内廷后三宫之一，位于乾清宫和坤宁宫之间，殿名取自《易经》，含"天地交合、康泰美满"之意。

③濡泽：沾润，比喻获得恩惠。

④乌用：何用，哪里用得着。

【译文】

训言说：最近一两年间，春夏之交的时候天稍微有些旱。社会上有些无知的人便胡说八道，以为天要大旱。我年轻的时候，曾经遇到过从正月到六月一直没下雨的情况，我就在交泰殿前用席圈成围墙，在里面虔诚地祈祷了三天三夜。当时即使是盐酱小菜一类的东西，也一点都不吃。我一步步行走到天坛去求雨，去的时候还是晴朗的天气，而祈雨礼仪结束将要返回的时候，就下起了小雨。等到走出天坛门，已经是大雨倾盆了，农田的旱情一下子得到了解决，全都受益了。今年并没有出现像当时那样的大旱，况且我已经年老体衰，不能再像那时候一样进行斋戒，一步步走着去祈祷。因身体的原因确实做不到，何必要欺骗大家呢？这也是我生来不务虚饰的一个方面。

【解读】

俗话说得好：精诚所至，金石为开。康熙通过自己当年诚心斋戒祈雨的经历告诫子孙：无论做什么都要诚心实意，做得到就是做得到，做不到就是做不到，来不得半点玄虚。正如孟子所说："挟泰山以超北海，语人曰'我不能'，是诚不能也。"这就要求人们，对于自己所不能做的事情，就坦然地承认自己不能，没有必要打肿脸充胖子。在现实生活中，还真有一些人，无论事情能不能办到，总是喜欢说大话，动不动就是"有事您说话"，或者"这点事包在我身上了"。这类人看似为人热情，乐于助人，而实际上却很少真的做成事，结果往往因为大话欺人而失信于人，正所谓"轻诺必寡信"。所以，实事求是地承认自己不行或者不能，不仅是一个人谦虚的表现，更体现了一个人做事认真负责的态度。康熙这种不务虚饰的作风深值得后世之人效法。

用人惟信　不可偏信

训曰：为人上者，用人虽宜信，然亦不可遽信[①]。在下者常视上意所向，而巧以投之，一有偏好，则下必投其所好以诱[②]之。朕于诸艺无所不能，尔等曾见我偏好一艺乎？是故凡艺俱不能溺我[③]。

【注释】

①遽信：轻率、盲目地相信。

②诱：引诱，诱导。

③溺我：使我沉溺。

【译文】

训言说：作为一国之君，在任用人的时候，虽然应当对所用之人予以信任，但也不可轻信。做臣子的人常常察言观色，看君上的意图所向，设巧来投其所好。作为君上一旦有所偏好，臣下就会投合其偏好而加以引诱。我对于各种技艺无所不能，你们见过我偏好于哪一种技艺吗？因此，任何技艺都不能使我沉溺其中而不顾其他。

【解读】

《尚书》云："无偏无党，王道荡荡。"这既要求臣下不结党营私，也要求为人君者不偏听偏信。康熙的意思是说，对所用之人应当予以信任，但不可轻易相信。应当分清是非曲直。尤其是对那些投君所好者，更应当有所警惕。秦二世听信赵高之言，导致秦朝灭亡；唐玄宗听信杨国忠之言，而引发"安史之乱"。历史上这些惨痛的教训，发人省醒。身为一国之君的康熙认识到了作为一个统治者，对于臣下在予以信任的同时不偏听偏信的重要性，这一点是难能可贵的。他的这些"御人"经验，对于我们当今的领导阶层依然适用。作为领导，只有做到不偏听偏信，才能够处事公正。

不疑于人　持诚相待

训曰：好疑惑人非好事。我疑彼，彼之疑心益增。前者丹济拉[①]来降之时，众皆谏朕宜防备之。朕心以为丹济拉既已来降，即我之臣，何必疑焉？初至之日，即以朕之衣冠赐之，使进朕帐幄内，近坐赐食，傍无一人，与伊刀切肉食。彼时丹济拉因朕之诚心相待，感激涕零，终身奋勉尽力。又先时台湾贼叛，朕欲遣施琅[②]，举朝大臣以为不可，遣去必叛。彼时朕召施琅至，面谕曰："举国人俱云汝至台湾必叛，朕意汝若不去台湾，断不能定汝之不叛。"朕力保之，卒遣之。不日而台湾果定。此非不疑人之验乎？凡事开诚布公为善，防疑无用也。

【注释】

①丹济拉（？—1708）：噶尔丹的侄子，也是他的部将，噶尔丹死后，他携噶尔丹尸体降清。

②施琅（1621—1696）：福建晋江人，原为明朝总兵郑芝龙部将。顺治三年（1646）随郑芝龙降清。康熙二十二年（1683）率师攻占台湾，封靖海侯。

【译文】

训言说：动不动就怀疑人并非好事。我怀疑他，他的疑心就会更重。以前丹济拉前来投降归顺我大清的时候，大家都劝谏我应防备他。我心想丹济拉既然已经归降于我，就是我的臣子，有什么必要怀疑他呢？丹济拉刚到那天，我就把自己的衣服和帽子赏赐给他，让他走进我的帷帐之内，坐在我旁边，赐给他吃的东西。旁边并没有一个人，我和他一起用刀子切肉吃。那时候丹济拉因为我如此推心置腹地对待他，感动得流下泪来，终生发奋勤勉尽力。又比如以前台湾贼反叛，我打算派遣施琅前往台湾平定叛乱，满朝大臣都认为不能派遣他，一旦他去了必定会反叛。那时我把施琅召到面前，当面对他说："举国的人都说你到了台湾就会反叛，我想你如果不去台湾的话，决不能确定你不会背叛。”我力保施琅，最终还是派遣他去了。没有过多久，台湾果然平定了。这不是不要无根据地怀疑人的最好证明吗？凡事应当以诚相待、坦白无私为好，处处防备、无端猜疑是没有用的。

【解读】

用人不疑，疑人不用。既然用人就要相信人，以一颗诚心待人，这是最起码的用人之道。古语说得好：“精诚所至，金石为开”；“不精不诚，不能动人”。以诚相待，即便是敌方也会为我所用；疑神疑鬼，纵然是忠于自己的人最后也会离心离德。康熙推心置腹地厚待投降归顺的丹济拉、施琅，终于感动二人，使其忠心耿耿地为清朝卖力，由此可见康熙御人之术的高明。这一事实告诉人们：无论是一般人之间的交往，还是作为领导者以上管下，都应当有这种真诚待人的胸怀，才能够使人为我所用。

远地进奉　诚心可嘉

训曰：产狮之西洋国极远，即彼处亦难得之，得则进贡[①]中国。今西洋国进贡之狮，朕心以为无甚奇处，但念彼自极远处进奉，嘉[②]其诚心，不便发回，所以收养耳。朕不好奇物也。

【注释】

①进贡：封建时代藩属对宗主国或臣民对君主呈献礼品。

②嘉：赞美、称道、颂扬事物的美好，嘉奖。

【译文】

训言说：盛产狮子的西洋国离中国极其遥远，就是在他们本国也很难捕捉到狮子，但只要得到就进献给中国。如今西洋国所进贡的狮子，我虽然心里认为并没有什么奇特的地方，但是感念他们从极其遥远的地方特意进奉于我，为了嘉奖他们的诚心，因而也不好再给他们退回去，所以就收养下来。不过，我并不喜欢这些奇怪的东西。

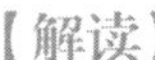

【解读】

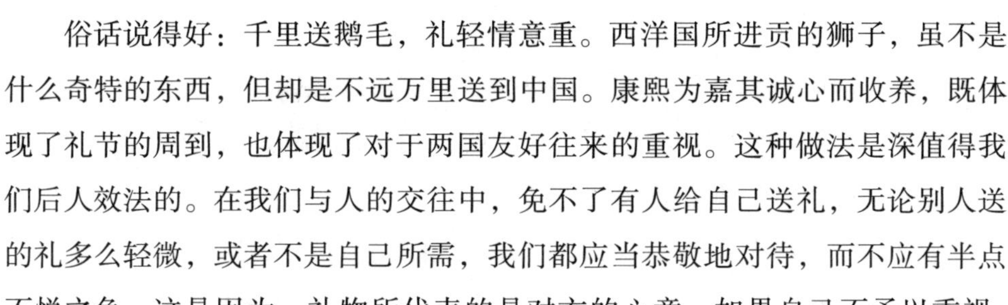

俗话说得好：千里送鹅毛，礼轻情意重。西洋国所进贡的狮子，虽不是什么奇特的东西，但却是不远万里送到中国。康熙为嘉其诚心而收养，既体现了礼节的周到，也体现了对于两国友好往来的重视。这种做法是深值得我们后人效法的。在我们与人的交往中，免不了有人给自己送礼，无论别人送的礼多么轻微，或者不是自己所需，我们都应当恭敬地对待，而不应有半点不悦之色。这是因为，礼物所代表的是对方的心意，如果自己不予以重视，很可能会伤及对方的心，使对方感到有失面子，从而导致双方关系的僵化。这是我们在与人的交往中必须注意的。

敬神礼佛　心必诚敬

训曰：诸国必有一所敬之神，即如我朝之敬祀祖神者，如蒙古、回子、番苗、猓猓[①]以及各国之人，皆有一所敬之神。由此观之，天之生斯人也，“敬”之一字，凡事不可须臾离也。

训曰：子曰：“鬼神之为德，其盛矣乎！”“使天下之人，齐明盛服[②]，以承祭祀，洋洋[③]乎如在其上，如在其左右。”盖明有礼乐，幽有鬼神，然敬鬼神之心，非为祸福之故，乃所以全吾身之正气也。是故君子修德之功，莫大于主敬。内主于敬，则非僻之心无自而动；外主于敬，则惰慢之气无自而生。念念敬，斯念念正；时时敬，斯时时正；事事敬，斯事事正。君子无在而不敬，故无在而不正。《诗》曰：“明明在下，赫赫在上。”“维此文王，小心翼翼，昭事上帝，聿怀[④]多福。”其斯之谓与？

训曰：敬重神佛，惟在我心而已。自唐宋以来，相传遇神佛祭日，特造神佛纸像供之，祭毕复焚。此虽无关乎大礼，然于道理甚不合。外边小人随其俗尚可已，我等为人上者，知此当各戒之。

训曰：朕自幼凡祭祀典礼，必亲行以致其诚敬。今因年老，于诸祭祀典礼身不能者，宁遣王公大臣恭代，断不苟且行之，以塞责也。今遣尔等恭代，亦必如朕之诚敬可矣。

【注释】

①猓（guō）猓：旧时对西南少数民族彝族的蔑称。

②齐（zhāi）明盛服：斋戒洁净，穿上华丽的祭服。齐，通“斋”。

③洋洋：流动充满的意思。

④聿怀：聿，犹“乃”，就。怀，徕，招来。

【译文】

训言说：各国必定都有一个自己所敬仰的神，就像我大清皇朝所敬奉的祖神一样。其他像蒙古族、回族、苗族、彝族等民族以及各个国家的人，都有一个自己民族所敬奉的神。从这一点来看，上天赐予我们这些人生命，对于“敬”这个字，凡事不可以有片刻的背离。

训言说：孔子说：“鬼神所拥有的德行，是多么盛大啊！”“能够使天下之人斋戒洁净、盛装以待，举行祭祀，可以想见众多的鬼神如在其上，如在他们的左右。”明有礼乐，暗有鬼神，然而人们敬畏鬼神的诚心，并不是为了求福避祸，而是为了保全我们自身应有的正气，因为这个缘故，君子修养德行的功绩，没有比主敬更大的了。人在内心注重诚敬，想入非非、佞邪怪僻的念头也就无从产生；外表注重诚敬，那么懈怠懒惰与傲慢之气也就可以杜绝。每一个念头都想着诚敬，那么每一个念头都不会偏颇；时时刻刻想着诚敬，那么时时都会正派；事事都以诚敬对待，那么事事都会不离其正。具有君子品格的人无处不以诚敬相待，因而无处不正派。《诗经》说：“耀眼夺目光照人间，他的光辉就会显在天上。”“这位伟大而又英明的文王，恭敬谨慎，勤勉地服侍上帝，胸怀广阔，于是带给人们无数的福音。”说的就是这个意思吧。

训言说：敬重神佛，只不过是在我的内心罢了。自从唐宋以来，据说到了祭拜神佛的日子，人们特意制作一个神佛的纸像，并且把它供祭起来，等到供祭完毕，再把它烧掉。这虽然与拜祭大礼没有太大的关系，但在道理上却很难相合。外边那些无知无识的粗俗之人追随这种风俗习惯去做还情有可原，我们这些在上位的人，既然知道这个道理就应当戒除这种习惯。

训言说：我从幼小的时候起，凡是祭祀典礼一类的事情，必定亲自前去参加，以表达我的诚敬之意。如今因为年纪老迈，对于各种祭祀典礼，凡是自己不能参加的，宁可派遣王公大臣们恭敬地代替，也决不马马虎虎地草率从事，以用来塞责。如今派遣你们正式代表我去参加，所以我要求你们一定也要像我一样虔诚、恭敬才好。

【解读】

人生在世，不能没有信仰。国家不同，人们的信仰也就不同。比如西方国家信奉上帝、耶稣，而我们中国则信奉玉皇大帝、王母娘娘等，但无论信奉哪一种神，都必须心存诚敬。孔子云："敬神如神在。"既然把神作为一种信仰，就应当像神真的存在一样恭敬对待。当然，这并不是说，所敬之神就一定是一个真实的存在，它只不过是人们精神的产物，但它作为一种信仰，却寄托了人们的美好愿望与精神追求。从而使人们心有约束，远恶向善。所以，从道义的角度来说，是应当予以肯定的。

追远致敬　每事不忘

训曰：昔者喀尔喀[①]尚未内附之时，惟乌朱穆秦[②]之羊为最美。厥后七旗之喀尔喀尽行归顺，达里岗阿等处立为牧场。其初贡之羊，朕不敢食，特遣典膳官虔供陵寝[③]，朕始食之。即如朕新制法蓝碗，因思先帝时未尝得用，亦特择其嘉者恭奉陵寝，以备供茶。朕之追远[④]致敬，每事不忘，尔等识之！

【注释】

①喀尔喀：清代漠北蒙古族诸部的总称。最初见于明代，以分布于喀尔喀河得名。

②乌朱穆秦：指蒙古族乌珠穆沁旗，分为东西两旗，都属于内蒙古自治区锡林郭勒盟。东乌珠穆沁旗位于内蒙古东部，旗政府在乌里雅斯太镇；西乌珠穆沁旗政府在巴彦乌拉镇。

③陵寝：皇帝及后妃死后安葬的地方。

④追远：虔诚祭祀，以追念先人。语见《论语·学而》："慎终追远。"

【译文】

训言说：以前喀尔喀还没有归顺我大清的时候，只有乌朱穆秦的羊肉最为鲜美。后来七旗的喀尔喀全部归顺了我大清，达里岗阿等地则被建成了牧场。刚开始的时候那里进贡的羊，我不敢随便吃，特地派遣典膳官先去虔诚地供奉祖先的陵墓和寝庙，然后我再吃。即便如我所用的新制作的法蓝碗，因为想到先帝活着的时候从没有使用过，也特意选择其中最好的来供奉先帝的陵寝，作为供奉茶点的器具。我这种追祭祖先，向祖先表达敬意，每一件事都牢牢不忘的做法，你们一定要记住。

【解读】

孔子曾经说过："生，事之以礼；死，葬之以礼，祭之以礼。"对死去的先辈致以崇高的祭礼，是儒家的孝道观所推崇的。可以说，从帝王将相到普通百姓，都对祭祀祖先极为重视。因而，以最好的、自己不舍得用的东西供奉祖先是表达诚敬之意的主要方式。康熙这种凡事都想到要祭祀祖先的诚敬态度，是深值得我们后人学习的。虽然我们不一定非要拿出最好的东西供奉祖先，但对祖先一定要有恭敬虔诚之心。正是祖先用勤劳和善良为我们创下了基业，使我们能够过上衣食无忧的生活。饮水思源，我们没有理由不尊敬他们。

《孝经》一书 万世人伦

训曰：《孝经》一书，曲尽人子事亲之道，为万世人伦之极，诚所谓天之经、地之义、民之行也。推原孔子所以作经之意，盖深望夫后之儒者身体力行，以助宣教化而敦厚风俗。其旨甚远，其功甚宏，学者自当留心诵习服膺①，弗可失也。

【注释】

①服膺：谨记在心，牢牢记在心里。

【译文】

训言说：《孝经》一书，详尽地道出了为人子女如何侍奉双亲的道理，可以作为万世人伦的准则，真可以称得上天之经、地之义、民之行。推测孔子写作《孝经》一书的本意，大概是殷切希望后代的儒者能够身体力行，以帮助宣扬教化，从而使风俗敦厚。该书的旨意极为深远，其功绩非常宏大，学习的人应当自我留心诵读，顶礼膜拜，不要丢失它的真意。

【解读】

《孝经》书影

《孝经》是一部专门宣扬孝道的书，康熙把它推荐给自己的子孙，让大家“留心诵习”，主要是希望儿孙能够明白什么是真正的孝道。这部书在今天同样具有教育意义和指导意义。书是教人明理的。要想明白人生的道理，只有通过读书。然而，并非所有的书都适合人们去学习、去读，只有读好书，才能从中受益。对于今天的人们来说，《孝经》这部书已经陌生了，许多人往往只关注那些如何挣大钱发大财，或者如何养身、如何美容方面的书，却很少关注《孝经》。我们不妨在劳碌之余，读一下这部书，它会告诉你许多关于如何孝顺父母、如何做人的道理，使你豁然开悟。

诚敬存心　实意体贴

训曰：为臣子者，果能尽心体贴君亲之意，凡事一出于至诚，未有不得君亲之欢心者。昔日太皇太后驾诣五台[①]，因山路难行，乘车不稳，朕命备八人暖轿。太皇太后天性仁慈，念及校尉[②]请轿，步履惟艰，因欲易车。朕劝请再三，圣意不允，朕不得已，命轿近随车行。行不数里，朕见圣躬[③]乘车不甚安稳，因请乘轿。圣祖母云："予已易车矣，未知轿在何处，焉得即至？"朕奏曰："轿即在后。"遂令进前。圣祖母喜极，拊[④]朕之背，称赞不已，曰："车轿细事，且道途之间，汝诚意无不恳到，实为大孝。"盖深惬圣怀[⑤]，而降是欢爱之旨也。可见凡为臣子者，诚敬存心，实心体贴，未有不得君亲之欢心者也。

训曰：昔日太皇太后圣躬不豫[⑥]，朕侍汤药三十五昼夜，衣不解带，目不交睫，竭力尽心，惟恐圣祖母有所欲用而不能备。故凡坐卧所须以及饮食肴馔无不备具，如糜粥之类备有三十余品。其时圣祖母病势渐增，实不思食，有时故意索未备之品，不意随所欲用，一呼即至。圣祖母拊朕之背，垂泣赞叹曰："因我老病，汝日夜焦劳竭尽心思，诸凡服用以及饮食之类，无所不备。我实不思食，适所欲用不过借此支吾[⑦]，安慰汝心。谁知汝皆先令备在彼，如此竭诚体贴，肫肫恳至[⑧]，孝之至也。惟愿天下后世，人人法皇帝如此大孝可也。

训曰：凡人尽孝道，欲得父母之欢心者，不在衣食之奉养也。惟持善心，行合道理，以慰父母而得其欢心，斯可谓真孝者矣。

【注释】

①五台：即五台山，位于山西省忻州市五台县境内，与浙江普陀山、四川峨眉山、安徽九华山并称佛教四大名山。

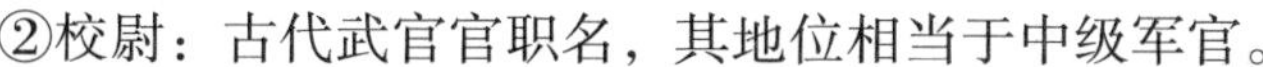
②校尉：古代武官官职名，其地位相当于中级军官。

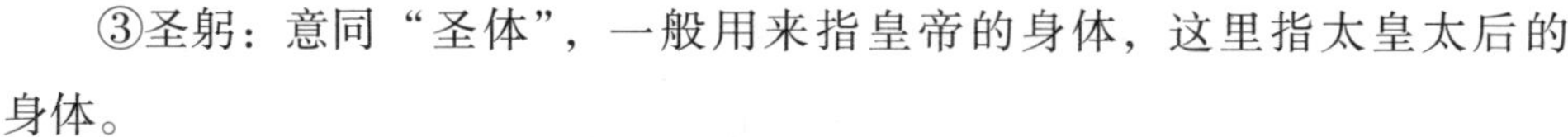
③圣躬：意同“圣体”，一般用来指皇帝的身体，这里指太皇太后的身体。

④拊（fǔ）：同“抚”，抚摸之意。

⑤深惬圣怀：惬，满足，称心。特别合太皇太后的心意。

⑥不豫：天子有病的讳称，这里指太皇太后有病。

⑦支吾：应付，用含混的话搪塞。

⑧肫（zhūn）肫恳至：肫肫，诚恳，精致细密。恳至，恳切，周到。

亲尝汤药（选自《中国古代二十四孝全图》）

【译文】

训言说：作为臣子若能够体贴君王之心、作为儿女能够体贴父母之意，无论什么事情，只要出于至诚，没有得不到君王和父母的欢心的。以前太皇太后乘着车驾到五台山，因为山路崎岖难行，乘车不稳，于是我命人准备八抬暖轿。太皇太后天性仁慈，顾念到校尉们请轿以及行走艰难，因而打算换一辆车，我再三劝请，太皇太后说什么也不同意，不得已，我只好命令暖轿跟车随行。果然走不了几里路，我就看到太皇太后乘车身体很不安稳，于是再次请她乘轿。圣祖母说：“我已经换车了，不知道轿在哪里，怎么能说到就到呢！”我上前奏道：“轿就在车的后面。”圣祖母高兴极了，抚摸着我的脊背不住地称赞：“车与轿之类的小事，况且是在路途行进之中，你真诚体贴的心意无不恳切周到，这实在是大孝啊！”这都是我细致入微的体贴使圣祖母甚为满意，她才降下出如此欢爱的懿旨。可以想见凡是作为臣子和儿女的，只要内心保持诚敬，实心实意地体贴，没有不得到君上和父母尊长的欢心的。

训言说：以前太皇太后身体欠安，我亲自端汤送药服侍她长达三十五个昼夜，衣带不敢解，眼睛不敢闭，费尽心思，倾尽全力，唯恐圣祖母所想要的东西不能及时准备。因此，凡是坐卧起居所需要的以及饮食之类的东西，没有不准备齐全的，比如仅稀粥就备有三十多种。当时圣祖母的病情日渐沉重，本来一点食欲也没有，有时候却故意要一些她认为没有准备的食物，而她认为未准备的那些食品，却是一呼即至。圣祖母轻轻地抚摸着我的脊背，感极而泣，称赞我说：“因为我年老多病，你日夜操劳，费尽心思，凡是服用之物和饮食之类的东西，你都准备得应有尽有。我实在是不想吃东西，刚才向你要的东西，只不过是为了搪塞，好让你宽心。谁知道你早就命人准备好放在那里了。像你这样诚心诚意，体贴入微，实在是孝顺到了极点啊！但愿天下的臣民与后世之人，人人都能效法皇帝如此大孝就好了。

训言说：“一个人想要以尽孝道来得到父母的欢心，并不在于衣食的奉养。只要有一颗善良的心，行为合乎礼仪规范，以此来安慰父母，使其得到欢心，这才可以说是真正的孝顺。”

【解读】

百事孝为先，事必躬亲，是中华民族的传统美德。无论是一代帝王，还是普通的平民百姓，孝顺父母都是天经地义的事。《论语·为政》中子游曾经向孔子问孝。孔子云：“今之孝者，是谓能养。至于犬马，皆能有养；不敬，何以别乎？”意思是说对父母孝顺，主要体现的是对父母的恭敬之心。如果没有恭敬之心，那么养人与养犬马也就没有什么区别。康熙进一步明确地强调：尽孝道不在于对父母的衣食奉养，而在于是否能得其欢心。康熙是这样说的，也是这样做的。从他对祖母驾临五台山时的周到体贴，到祖母生病时侍汤送药，不舍昼夜地陪伴于床榻之前，可以说他对祖母的至诚至孝，堪称古今之楷模。尤其是在物欲横流、亲情淡薄的今天，康熙推崇的孝道无疑更具有典范意义和现实意义。时代的变化，改变了人们的生活方式。许多人都难以做到“父母在，不远游，游必有方”，从而致使大多数的父母都成了空巢老人。在这种情况下，子女如何做才能使父母孤独的心得到安慰呢？使老人衣食得到满足固然是一个方面，但还有更多的表达方式。比如节假日常回家看望父母，经常给老人打电话、发短信，或者有条件的和老人视频聊天等，都是对老人极好的安慰。

昏定晨省　竭尽孝心

训曰：《记》云“昏定晨省”者，言为子之所以竭尽孝心耳。人当究其本意，不可徒泥其辞①，必循其迹以行之。如朕子孙众多，逐日②早起问安，汝子又早起问汝之安，日暮又如此相继问安，不但尔等无饮食之暇，即朕亦将终日不得一饭之暇矣，决非可行之事。由此观之，凡人读书，俱究其本意而得之于心可也。

【注释】

①徒泥其辞：徒，只，仅仅；泥，拘泥，不变通。只是拘泥于言语本身。

②逐日：一天接一天，每天。

【译文】

训言说：《礼记》说：“夜晚服侍父母就寝，早晨向父母省视问安”，说的是子女怎样对父母尽自己的孝心。然而，人们应当探究它的本意，不应仅仅拘泥于言辞，一定要按照它的意思去付诸行动。比如我的子孙众多，如果每天都起来向我省视问安，你们的子女又早早起来向你们问安，到了夜晚又如此这般问安，不仅你们没有时间吃饭，就是我也一整天都难以有一顿饭的空闲。这决不是可以行得通的事。如此看来，人们读书，只要能够探究书中的本意，内心能够深入理解就可以了。

【解读】

对父母尽孝心，不必过于拘泥圣贤所说的有关如何尽孝道的言辞，而应当探究它的本意做到深入理解就可以了。康熙这一见解可谓深深参透了古圣先贤所提出的有关"孝道"的言论的含义，它对于我们当今如何孝敬老人有着很大的启发。比如说《礼记》所说的"昏定晨省"，在当今社会，绝大多数人因为忙于工作都是做不到的。因此，我们不能生搬教条，再按古代的礼仪向父母早晚问安。对父母尽孝心，并不在虚礼上，它可以是一份很随意的礼物，也可以是一条简短的问候短信，或者是电话中一声真诚的祝福。总之，只要内心发自真诚即可，而不必拘于一定的礼数。

家常礼数　顺适为安

训曰：尝观《宋史》，孝宗月四朝太上皇，称为盛事。孝宗于宋固为敦伦[①]之主，然而上皇在御，自当乘暇问视，岂可限定朝见之期？朕事皇太后五十余年，总以家庭常礼出乎天伦至性，遇有事奏启，一日二三次进见者有之，或无事，即间数日者有之。至于万寿诞辰，嘉时令节，朕备家宴，恭请临幸，则自晨至暮，左右奉侍，岂止日覲[②]数次？朕之巡狩江南，出猎塞北，也随本报，三日一次恭请圣安外，仍使近侍太监乘传请安，并进所获鹿、狍、雉、兔、鲜果、鲜鱼之类。凡有所得，即令驰进，从不拘定日期。且朕侍皇太后家人礼数，惟以顺适为安，自然为乐，并不以朝见日期、限定礼法而称孝也。

训曰：尝阅《明宣宗实录》，其奉事母后和敬有礼，至今览之，犹足令人感慕[③]。朕尝思先王以孝治天下，故夫子称至德要道，莫加于此。自唐宋以来，人君往往疏于定省[④]，有经年不一见者。独不思朝夕承欢[⑤]，自天子以至于庶人，家庭常礼出于天伦至性，何尝以上下而有别也？

【注释】

①敦伦：敦睦人伦。

②覲：覲见。指朝见身份地位比自己高的人。

③感慕：感念仰慕。

④定省：子女早晚向父母等长辈问安。

⑤承欢：迎合人意，博取欢心。多指侍奉父母、尊长。

【译文】

训言说：我曾经读《宋史》，其中有宋孝宗每个月初四朝见太上皇的记载，称为荣盛的事。宋孝宗在宋代固然还算得上一位敦厚纯孝的皇帝，然而，太上皇既在世，本来就应当利用空闲去探望太上皇，怎么可以限定朝见的日期呢？我侍奉皇太后五十多年，总认为家庭之中的日常礼节，应当出于天伦至性。遇到有事需要向皇太后请示，有时候一天之内会觐见两三次。有时没有什么事，就隔几天觐见一次。到了皇太后寿诞之日，遇到好日子或者逢年过节，我就准备好家宴，恭请皇太后驾临。在这一天，我从早到晚，一直都在皇太后身边侍奉，何止一天觐见几次呢？我巡视到江南各地，打猎去到塞北，除了三日一次送上向皇太后恭请圣安的本报之外，还特地让身边的近侍太监乘坐驿车回京请安。同时进献上打猎时捕获的鹿、狍、野鸡、野兔，以及得到的新鲜水果和鲜鱼等。凡是有得到的东西，我都会立即派人骑快马送给皇太后，从来不限定具体的日期。而且，我用于侍奉皇太后的那些家庭礼仪，只是以让老人家感到舒适自然、不受拘束、快乐为宜，我并不把那种定期朝见老人，一举一动都局限于礼仪法度的行为称为“孝道”。

训言说：我曾经读过《明宣宗实录》，明宣宗侍奉其母和顺恭敬，礼节周到。我如今再读它，还足以让我深深为之感动而心生敬慕之情。我曾想到先王多以孝道治理天下，因此孔子称赞孝道是最为高尚的德行和最为重要的道理，认为没有能够超于它的。自从唐宋以来，为人君主者往往忽略了向父母早晚问安的重要性，甚至于有长达一年不和父母见上一面的。难道他们不想早晚侍奉父母以博得父母的欢心吗？上至天子，下到平民百姓，家庭中那些必有的礼节，都是出于家人之间所具有的天伦本性，又何尝因为身份的不同而有所区别呢？

【解读】

家常礼节应当出于天伦至性，不应当限定觐见的日期。家常礼节不同于比较隆重的场合所举行的盛大典礼，不需要庄重严肃，以让人感到舒适自然、快乐为宜，没有必要过于拘束。无论是贵为天子，还是身为平民百姓，与家人之间都应保持亲切自然的天伦至情，而不应因身份地位的不同而有所不同。宋代李纲曾言："尧舜之道，孝悌而已。"但尧舜之道并非只是为普天之下的臣民问候而定的，即便是贵为帝王也要遵守。所以，欲天下人之行，帝王应率先而行。孝道在今天仍然是维系家庭关系所必不可少的，仍需要有一定的家常礼节。诸如适时问候父母，逢年过节探望父母等，这种礼节不是勉为其难的应付，而是发自内心的关爱，使父母欣悦，尽享天伦之乐。

家世孝敬　子孙富贵

训曰：朕今年近七十，尝见一家祖父子孙凡四五世者。大抵家世孝敬，其子孙必获富贵，长享吉庆。彼行恶者，子孙或穷败不堪，或不肖而陷于罪戾①，以至凶事牵连。如此等，朕所见多矣。由此观之，惟善可遗福于子孙也。

【注释】

①罪戾（lì）：罪过。

【译文】

训言说：我如今已经年近七十，曾经见过一家之中祖父子孙共有四五代的。大概这一家世代孝顺恭敬，他们的子孙就一定会拥有富贵，长期享受吉庆。那些一贯作恶的人，他们的子孙有的穷困潦倒，有的因不学好而陷于罪过，以至于涉及凶事。像这样的，我见过的多了。从这方面来看，只有行善积德才能给子孙带来福泽。

【解读】

《太上感应篇》云："祸福无门，唯人自召；善恶之报，如影随形。"恭顺孝敬、积德行善的家庭之所以长期享受吉庆，是因为他们长期保持良好的家教，使子孙耳濡目染，自始至终受到良好的教育；而作恶的家庭因为长期失德，给子孙留下不好的影响，从而导致子孙不肖，为害作乱、祸败家产，以至于穷困潦倒、罪孽深重。康熙以此两种不同的处世方式所产生的不同后果作比较，教育子孙积德行善，无疑是有长远眼光的。这对于我们当今的父母如何教

育子女，如何以身作则、给子女树立一个好的榜样是一个很好的借鉴。父母是子女最好的老师，其一言一行都是子女学习的典范，要想教育好子女，做父母的首先要从自己做起。其身正，子女亦正；其身邪，子女也难免会走邪道。

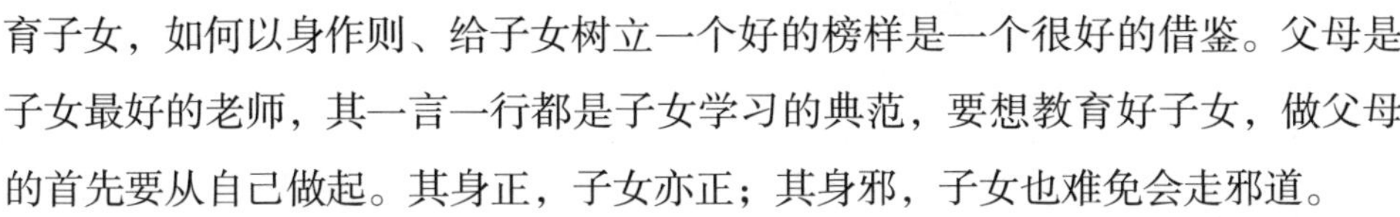

以老为祝　至老应幸

训曰：朕因大庆之年，特集勋旧与众老臣，赐以筵宴[①]，使宗室子孙进馔奉觞[②]者，乃朕之所以尊高年，而冀福泽之及于宗族子孙也。观朕之君臣，如此须鬓皆白，数百人坐于一处，饮食筵宴，其吉祥喜庆之气，洋溢于殿庭中矣。且年高之人，多自伤自叹，今荷[③]朕恩礼，归家各以告其子孙，借此快乐以益寿考，即养生之道也。

训曰：年高之人理当厚待怜恤[④]之，且其年皆与我先辈年等，怜之敬之，则福寿亦增耳。

【注释】

①筵宴：宴会，酒席。

②进馔（zhuàn）奉觞：进馔，送上食物；奉觞，举杯敬酒。

③荷：承蒙，承受。

④怜恤：怜爱体恤。

【译文】

训言说：我因为时值大庆之年，特意召集功勋卓著的旧臣和众位德高望重的老臣，赐给他们酒宴，让宗室子孙为他们进奉酒食，目的是以此表示尊敬老年人，希望福泽遍及于宗族子孙。看我们君臣，如此这般胡须和鬓发全都白了，几百人坐在一起，饮食聚餐，那种吉祥喜庆的气氛，久久洋溢在殿庭之中。况且年迈之人大多自我伤怀感叹，如今受到我给予他们的礼遇，回到家一定会把这件事告诉他们的子孙，借这种快乐来延长寿命，这就是养生的道理。

训言说：宽厚对待年老的人并怜爱体恤他们是理所当然的，况且他们的年龄与我们的先辈差不多，怜爱体恤他们，敬重他们，那么福寿也会随之增加。

【解读】

尊敬老人是儒家孝道伦理中所提倡的思想之一。一个社会对老人的态度如何，一定程度上反映了社会的文明与进步。孟子云：“老吾老，以及人之老。”意思是说应由尊敬自己的老人，推及尊敬别的老人。可以说，康熙在尊敬老人方面确实起到了带头作用。这不仅是当时的人需要学习的，而且也是我们后代人所需要学习的。尤其是当今，老龄化问题日益突出和严重。如何赡养老人，是我们年轻一代所必须面对的。我们应当发自内心地敬重老人，怜惜老人，使他们得以安享晚年。

老年齿落　益于子孙

训曰：我朝先辈有言：“老人牙齿脱落者，于子孙有益。”此语诚然[①]。数年前，朕诣[②]宁寿宫请安，皇太后向朕问治牙痛方，言牙齿动摇，其已脱落者则痛止，其未脱落者痛难忍。朕因奏曰：“太后圣寿已逾七旬，孙及曾孙殆及百余，且太后之孙皆已须发将白而牙齿将落矣，何况祖母享如是之高年？我朝先辈常言：‘老人牙齿脱落，于子孙有益。’此正太后慈闱福泽绵长之嘉兆[③]也。”皇太后闻朕之言，欢喜倍常，谓朕言极当，称赞不已。且言“皇帝此语，凡如我老媪[④]辈，皆当闻之而生欢喜也”。

【注释】

①诚然：确实如此，果真，实在。

②诣：前往，去到。

③嘉兆：吉兆，好的兆头。

④媪（ǎo）：对老年妇女的通称。

【译文】

训言说：我大清皇朝的前辈曾说过：“老年人牙齿脱落，对子孙大有好

处。”这话说得很对。几年前，我到宁寿宫给皇太后请安，皇太后向我问询治疗牙痛的药方，说她牙齿松动，那些已经掉落的牙齿疼痛已止，而没有掉落的则疼痛难忍。于是我向前进言说：“太后已经年过七旬，孙子和曾孙几乎有一百人之多，况且太后的孙子辈都已经须发将白、牙齿将落，更何况祖母您享有这样的高龄呢！我大清皇朝的先辈们常说：‘年老的人牙齿脱落，对子孙大有益处。’这正是太后福泽绵延久长的好兆头。”皇太后听了我说的话，非常高兴，认为我讲的话十分得当，忍不住连连夸赞。并且说“皇帝所说的这些话，凡是像我这样的老年妇女辈，都应当听听，也让她们心里高兴”。

富贵寿考（清·钱慧安）

【解读】

人到老年，发白齿落是正常现象，但同时也会给老人带来一定的痛苦和心绪不宁，诸如牙疼之类。作为子孙晚辈，应当适时宽解老人的心怀。在这方面，康熙就做得比较好。他所说的“老人牙齿脱落，于子孙有益”，并非说老人掉牙齿对子孙有什么直接的好处，而是宽解老人心怀的至诚之言。使老人感到子孙对自己的敬重与爱戴，从而心生愉悦。这对于我们当今一些人嫌弃老人、不愿与老人一起生活，甚至久不联系的做法形成一个鲜明的对比。身为高高在上的帝王尚能如此尊老敬老，我们一般人更应当善待自己的老人。对老人关心体贴，不仅让他们衣食无忧，更要让他们心情愉快。

惩恶扬善

训曰：凡人最要者，惟力行善道。能尽五伦而一心笃于行善，则天必眷佑，报之以祥。若徒口言善而心存奸邪，决不为天所佑。是以古圣人惟欲人之止于至善也。

国家权柄　劝善惩恶

训曰：国家赏罚治理之柄[①]，自上操之，是故转移人心，维持风化[②]，善者知劝，恶者知惩。所以代天宣教，时亮天功也。故爵曰天职，刑曰天罚。明乎赏罚之事，皆奉天而行，非操柄者所得私也。《韩非子》曰："赏有功，罚有罪，而不失其当，乃能生功止过也。"《书》曰："天命有德，五服五章哉！天讨有罪，五刑五用哉！政事懋哉懋哉[③]！"盖言爵赏刑罚，乃人君之政事，当公慎而不可忽者也！

【注释】

①柄：权柄。

②风化：风教，风气，社会上公认的道德规范。

③懋（mào）哉懋哉：努力啊！努力啊！

【译文】

训言说：国家实行赏罚、治理百姓的权柄，是从上面操纵的，因此，它能够使民心发生转变，社会风化得到维持。使行善的人知道自己所应受到的嘉奖和勉励，作恶的人能够知道自己将要受到的惩罚与谴责。所以，统治者代替上天宣扬教化，时时彰显上天之功。所以，一个人的爵位称为天职，一个人所受的刑罚称为上天对他的惩罚。这清楚地表明：奖赏与惩罚之类的事情，都是秉承上天的旨意行事，而并非掌握权柄的人可以凭个人的一己之私随意所为的。《韩非子》说："对有功的人进行奖赏，对有罪的人进行惩罚，而能够做到准确无误，才能鼓励人们立功，并且防止过错的产生。"《尚书》说："上天授命给那些有德的人用以表明其身份地位的五彩章文和五等服制，并且用五种刑罚来惩治五种有罪的人，国家政事要努力啊！不停地努力啊！"意思是说奖赏与惩罚乃是国君的政事，应当公正、谨慎，千万不要掉以轻心。

【解读】

南宋著名词人张孝祥曾经说过："赏不当功，则不如无赏；罚不当罪，

则不如无罚。”惩恶扬善，是国家实行赏罚制度的宗旨和目的。然而，在具体执行的过程中，往往会夹杂着一些操纵权柄者的私欲，很难做到公正合理。康熙作为一代帝王，深知有史以来赏罚制度存在的弊端。因此竭力劝诫子孙应当公正谨慎，不可掉以轻心。当今社会仍然存在着一些赏罚不当的现象，该赏的不赏，该罚的不罚，或者为了一己之私乱赏乱罚，其根本原因在于缺乏公正合理的赏罚制度。这需要执法者进一步培养良好的职业道德，树立赏罚分明、惩恶扬善的公心，努力做到在执法过程中严格执行法规政策，秉公施行赏罚，以杜绝那些赏罚不公的现象。

持斋为善　首戒其心

训曰：凡人存善念，天必绥[①]之福禄，以善报之。今人日持念珠[②]念佛，欲行善之故也。苟恶念不除，即持念珠，何益？

训曰：近世之人以不食肉为持斋[③]，岂知古人之斋必与戒并行。《易·系辞》曰：“斋戒以神明其德。”所谓斋者，齐也，齐其心之所不齐也。所谓戒者，戒其非心妄念也。古人无一日不斋，无一日不戒，而今之人以每月之某日某日持斋，已与古人有间[④]；然持斋固为善事，可以感发人之善念，第不知其戒心何如耳。

【注释】

①绥：安抚。

②念珠：又称为“念佛珠”，指念佛号或经咒时用以计数的串珠。

③持斋：指遵行戒律不吃荤食。佛教原谓过午不食，后多指素食。

④间：间隙，距离，差别。

【译文】

训言说：凡是心存善念的人，上天一定会用福报来满足他，用善来回报他。现在的人每天手持念珠念诵佛号，这正是想要行善的缘故。倘若心中的恶念不清除，即便是手持念珠空念佛号又有什么用呢？

训言说：近来世人把不吃肉作为持斋的标准，哪里知道古人持斋是与持戒同时进行的。《易·系辞》说：“古代的圣贤进行斋戒，使自己的德行化为神明。”所谓的斋，就是齐的意思，努力使其内心良莠不齐的品质向高处看齐。所谓的戒，是指戒除自己内心的非分之想与邪僻之念。古人没有一天不持斋，也没有一天不守戒，然而我们今天的人常常是在每月的某一日持斋，这已经和古人有了很大的差别；不过，持斋毕竟是行善积德的好事，它可以使一个人感发善念，但不知他的守戒之心到底怎样。

【解读】

斋戒的目的，为的是积德行善。所以，吃斋念佛，不只是一种信仰，而且更重要的是通过吃斋念佛提升自己的善行。如果心里没有善念，即便是吃斋念佛也没有任何意义。所以，吃斋念佛只不过是内心向善的一种外在形式，但并不代表内心的善念。在宋代，有不少出家的僧人，像佛印等，并不斋戒，和世俗人一样吃肉喝酒；而在日本，出家的僧人是可以结婚生子的。这说明，形式并不是主要的，关键在于是否有一颗真诚的善心。

人之眸子　不能掩恶

训曰：孟子云：“存乎人者，莫良于眸子[①]。眸子不能掩其恶。胸中正，则眸子瞭[②]焉；胸中不正，则眸子眊[③]焉。”此诚然也。看来人之善恶系于目者甚显，非止眸子之明暗有人焉，其视人也，常有一种彷徨不定之态，则其人必不正。我朝满洲耆旧，亦甚贱此等人。

【注释】

①眸子：瞳仁，泛指眼睛。

②瞭：眼珠明亮。

③眊（mào）：眼睛失神，看不清楚。

【译文】

训言说：孟子说：“要观察了解一个人，没有比观察他的眼睛更好的了。

眼睛难以隐藏一个人内心的邪恶。心中充满正气，眼睛就显得明亮有神；心中充满邪恶，眼睛就显得昏暗。”确实是这样。一个人的善恶与眼睛的关系是非常明显的，从一个人眼睛的明亮与昏暗，我们不仅可以知道他为人如何，还可以从他看人时所表现出的彷徨不定的神态，断定这个人为人一定不正派。我大清王朝那些德高望重的满洲故老，也很看不起这类人。

孟子像

【解读】

古人说：“相由心生。”而眼睛是影响一个人相貌的重要因素，所以人们说“眼睛是心灵的窗户”。眼正则心正，眼善则心善。要了解一个人的善恶，最好是观察他的眼睛。若是一个人的眼睛黑白分明而且澄清明亮，待人接物目光端正平视，视线没有飘移躲闪，那么这个人肯定是个心胸坦荡、光明磊落的人。若是一个人眼睛游移不定，贼眉鼠眼，那么这个人很可能有所隐瞒，不正派。康熙作为一国之君，尤其是一代明君，必定有非凡的识人眼力。因为进出于宫廷的，围绕在他身边的，难免有忠奸贤佞各色人等。对于奸佞之人，明面上可以不动声色，但内心一定要做到洞若观火，否则就难以做到亲贤臣远小人。孟子关于观眸子辨善恶正邪的名言，对古代的皇帝、政治家有启发，对我们当今的企业用人、常人交友都是有帮助的。

过而能改　善莫大焉

训曰：凡人孰能无过？但人有过，多不自任为过，朕则不然。于闲言中偶有遗忘，而误怪他人者，必自任其过，而曰："此朕之误也。"惟其如此，使令人等竟至为所感动而自觉不安者有之。大凡能自任过者，大人[1]居多也。

训曰：《虞书》云："宥过[2]无大。"孔子云："过而不改，是谓过矣。"凡人孰能无过？若过而能改，即自新迁善[3]之机，故人以改过为贵。其实能改过者，无论所犯事之大小，皆不当罪之也。

【注释】

①大人：指品德高尚、志趣高远的人。

②宥过：宽恕别人的过错。《尚书·大禹谟》："皋陶曰：'帝德罔愆，临下以简，御众以宽，罚弗及嗣，赏延于世。宥过无大，刑故无小。'"

③迁善：去恶从善，改过向善。见于《孟子·尽心上》："杀之而不怨，利之而不庸，民日迁善而不知为之者。"

【译文】

训言说：凡人谁能没有过错？只不过人犯了过错，大多不能承认自己的过错，我却不是这样。我在与他人闲谈的时候偶尔也会疏漏或者遗忘，从而误怪了他人，这时一定自己承担过错，并向人道歉说："这是我的失误。"正因为如此，才能够使人因为我所说的话而感动甚至于自觉不安。大凡能够自认过错的人，多是一些道德品行高尚的人。

训言说：《尚书·虞书》说："即便是有很大的过错，（但只要能改正）就应该得到宽宥。"孔子说："有了过错而不改正，这才是真正的过错。"凡是人谁能避免过错呢？如果有过错能及时改正，也就是自新向善的契机，因此人们都以能够改过为贵。其实，能够勇于改正过错的人，无论他所犯的过错是大还是小，都不应当惩罚他。

【解读】

人非圣贤，孰能无过。有过错并不可怕，可怕的是有了过错却不去改正，甚至认识不到自己的错，结果过错越来越大，以至于发展到难以收拾的局面。“过而能改，善莫大焉。”俗话说得好，浪子回头金不换。只要能改正自己的过失，即便魔鬼也是可以变成天使的。康熙能够以身作则，主动承担过错，不仅体现了他作为一代明君应有的胸襟和风范，而且也为后人做出了表率。我们今天与人交往也是这样，自己有了过错敢于承认，不但能得到别人的谅解，还会因此得到人们的敬重。同时，能够认识到自己的过错并且敢于承认是改正错误的起点，通过改正自己的过错，使自己的人格逐渐趋于完美，道德素质得到提升。

归过于己　感服他人

训曰：曩者三逆[①]未叛之先，朕与议政诸王大臣议迁藩之事，内中有言当迁者，有言不可迁者。然在当日之势，迁之亦叛，即不迁亦叛，遂定迁藩之议。三逆既叛，大学士索额图奏曰：“前议三藩当迁者，皆宜正以国法。”朕曰：“不可。廷议之时，言三藩当迁者，朕实主之。今事至此，岂可归过于他人。”时在廷诸臣一闻朕旨，莫不感激涕零[②]，心悦诚服。朕从来诸事不肯委罪于人，矧[③]军国大事而肯卸过于诸大臣乎？

【注释】

①三逆：指发动三藩之乱的吴三桂、尚可喜、耿精忠。

②感激涕零：因感动而流下眼泪。涕：眼泪。

③矧（shěn）：况且。

【译文】

训言说：过去三逆没有叛乱之前，我曾与各位议政亲王以及众位大臣商量迁藩之事，各位亲王与大臣有的说当迁，有的说不当迁。然而从当时的形势来看，迁藩也是叛，不迁藩也是叛，于是就定下了迁藩的决议。三个逆臣叛乱既成事实，大学士索额图上奏道：“以前倡议三藩应当迁离的人，最好都以国法正之。”我说：“不能这样做。当时在朝廷商议此事的时候，主张三藩应当迁离的，主谋者实际上是我。如今事已至此，怎么能够归咎于他人呢！”当时在朝的各位大臣一听到我这番话，没有不感激涕零的，从而心悦诚服。遇到事我从来不把罪责推卸给别人，何况是军国大事，我怎肯将过错推给诸位大臣呢！

【解读】

康熙身为皇帝，能够自揽责任，不归罪于臣下，这一点是很难得的。它显示了一个帝王的胸襟和气度，可以说这也是他笼络人心的一个策略。古语说得好：得人心者倡，失人心者亡。康熙之所以能够开辟一个长达一百多年的“康乾盛世”，与他的善于笼络人心是分不开的。康熙主动承担责任的做法，堪称后世的楷模。在当今社会中，同样需要当领导者敢于担当责任，不把过失推给下属。只有这样，才能够赢得下属的忠诚与信任，搞好与下属的关系，反之，如果事事都将过失推诿给他人，让他人替自己承担过错，势必会使人离心离德，不利于国家、集体的管理与发展。

凡事留心　防微杜渐

训曰：凡理大小事务，皆当一体留心。古人所谓防微杜渐[①]者，以事虽小，而不防之，则必渐大。渐而不杜，必至于不可杜也。

【注释】

①防微杜渐：指坏思想、坏事或错误刚冒头时，就加以防止、杜绝，以制止其继续发展。

【译文】

训言说：无论处理大小事务，都应当一样加以留心。古人所说的在各种不良倾向刚刚出现苗头的时候，就及时加以防范，不让它进一步发展，如果认为事情小不进行防范，就会使不好的事情逐渐扩大。逐渐扩大而不加以制

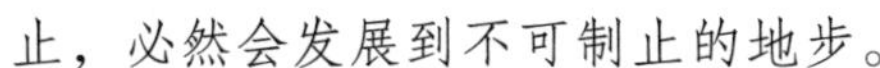

止，必然会发展到不可制止的地步。

【解读】

古人曾言："千里大堤，毁于蚁穴。"小的疏漏不堵，必定会酿成大的祸患。这段训言告诉人们：无论什么事情，都要在隐患还没有酿成大的灾祸之前，就要进行防范。虽然有时候"亡羊补牢"能够挽回一定的损失，但毕竟不是万全之策。所以，提前预防才是最好的方法。我们当今社会仍然面临着各种意想不到的隐患，如各种天灾、人祸等，如果时时警惕，就能把灾祸的损失减小到最低程度。

拂人之性　灾必逮身

训曰：世人秉性[①]，何等无之？有一等拗性人：人以为好者，彼以为不好；人以为是者，彼反以为非。此等人似乎忠直，如或用之，必然偾事[②]，故古人云："好人之所恶，恶人之所好，是谓拂[③]人之性，灾必逮夫身者。"此等人之谓也。

【注释】

①秉性：天性，本性。

②偾（fèn）事：败事。

③拂：违背，不顺。

【译文】

训言说：世人的本性，什么样的没有？有一种人脾气秉性非常执拗：别人认为好的，他偏偏认为不好；别人认为正确的，他偏偏说不对。这样的人看起来好像很忠正耿直，但假若任用他，必定难以成事。因此，古人说："喜欢别人所厌弃的东西，厌恶别人所喜欢的东西，这就叫违背人的自然本性，灾难一定会降临到他的身上。"说的就是这类人。

【解读】

世上确实有这种无论什么事都喜欢和别人对着干，"撒网要撒迎风网，开船要开顶头船”。这种人如果把这种迎难而上的性格用在立志上，或许还能够做出一番成就，但如果用来和别人交往，却是不合适的。它不但违背与人和睦相处的处世之道，而且也容易使自己到处树敌。所以，无论什么情况下，都不能违背人的自然本性。对于别人提出的观点，应当实事求是地予以肯定或否定。是就是，非就非，而不能把是的东西说成非，把非的东西说成是。否则，像秦代的赵高那样“指鹿为马”，终会自取其祸。

一心行善　天必眷佑

训曰：吾人燕居[①]之时，惟宜言古人善行善言。朕每对尔等多教以善，尔等回家各告尔之妻子，尔之妻子亦莫不乐于听也。事之美岂有逾[②]此者乎？

训曰：凡人最要者，惟力行善道。能尽五伦[③]而一心笃于行善，则天必眷佑[④]，报之以祥。若徒口言善而心存奸邪，决不为天所佑。是以古圣人惟欲人之止于至善也。

【注释】

①燕居：闲居无事。

②逾：越过，超过。

③五伦：指古人所说的君臣、父子、兄弟、夫妇、朋友五种人伦关系。出自《孟子·滕文公》：“使契为司徒，教以人伦：父子有亲，君臣有义，夫妇有别，长幼有序，朋友有信。”

④眷佑：眷顾佑助。

【译文】

训言说：我们闲居无事的时候，只应谈论古人的善行善言。我每次教育你们也多以善为主。你们回到家里再告知你们的妻子儿女，而你们的妻子儿女也都乐于闻听。事情的完美，哪里有超过这个的呢？

训言说：作为人最重要的，唯有努力弘扬为善之道。能够竭力做到五伦全备并且一心一意专于行善的人，上天一定会眷顾佑助于他，用吉祥来回报

他。如果只是口中言善事而内心却生奸邪的念头，老天决不会护佑他的。因此古代的圣人只希望人们能够达到善的最高境界。

【解读】

孟子云：“君子莫大于与人为善。”力行善道，并不是只在嘴上说说而已，重要的是要落实到具体行动。做到言行一致、心口如一。俗话说得好：“赠人玫瑰，手有余香。”一心向善的人，终会有善的回报。而一贯作恶的人，也终将会自食其果。所以，佛教讲究因果，劝人向善；儒家讲究“达则兼善天下，穷则独善其身”；道家讲究“居善地，心善渊，言善信，政善治，事善能”，等等，都是劝人为善的。人生在世，也只有多行善事，才能够与人方便，与己方便。在帮助他人的同时，自己也得到了快乐和善果。

彼善我善　岂不美哉

训曰：凡书生颂扬君上，或吟咏诗赋，欲称其善，必先举人之短，而后方颂言之。每以媲[①]三皇，迈五帝，超越百王为言，此岂非太过乎！诗中有云：“欲笑周文歌宴镐[②]，还轻汉武乐横汾[③]。”譬之欲言此人之善，必先指他人之恶。朕意不然。彼亦善而我亦善，岂不美哉！总之，欲言人之善，但言某人之善而已，何必及他人之恶？是皆由度量狭窄，而心不能平也。朕深不然之。

【注释】

①媲：匹敌，比得上。

②镐（hào）：镐京。古都名，西周国都，地址在今陕西省西安市西南。

③汾：汾河。在山西省中部，为黄河第二大支流。

【译文】

训言说：大凡读书人称颂赞扬君主，或者吟咏诗赋，想要称赞某人的好处，必定先列举出其他人的不好之处，然后再歌颂所要歌颂的人。言语之中常常称媲美三皇、远过五帝、超越百代帝王，如此美誉岂不是太过分了吗！诗中有句话说：“想要笑话周文王在镐京设宴同群臣欢饮，还想轻视汉武帝在汾河游乐之事。”譬如想说这个人好的一面，必定先指出其他人不好的一面。我却不这样认为。他人和我都好，难道不是更好吗？总之，要想称赞某一个人的善行，只说他一个人的好就可以了，何必要言及其他人的不好之处呢？这都是因为心胸狭窄，内心不平所致。我对此很不以为然。

【解读】

人们常说：“板凳宁坐十年冷，文章不写半句空。”写文章称赞某人，一定要得当。过分拔高的美誉会给人一种以华而不实之感，让人难以相信，这种写作方法是不足取的；同样，为了称赞某人，而一定要指出其他人不好的做法也不可取。我们当代的人写文章，有不少人也常犯这种毛病，尤其是中小学生和一些专门写好人好事题材进行新闻报道的人，常常会有意拔高所描写的人物形象。真实是艺术的生命，写文章也不例外。无论是诗歌，还是其他体裁的文章，所反映的都是真实的现实生活。尤其是为人歌功颂德的文章，更应当以真实的生活为基础。

惟欲人善　忌讳杀戮

训曰：朕自幼登极，生性最忌杀戮[①]。历年以来，惟欲人善而又善。即位至今，公卿大臣保全者不记其数。即如幼年间于田猎[②]之时，但以多戮禽兽为能，今渐渐年老，围中所圈乏力之兽尚不忍于射杀。观此，则圣人所言“我欲仁，斯仁至矣”之语，诚至言也。

【注释】

①杀戮：大量杀害，屠戮。

②田猎：即打猎。

【译文】

训言说：我从幼小的时候起就登上帝王之位，本性最忌讳杀戮之事。多年以来，我只希望人们能够善良而再善良。从我即位到如今，公卿大臣得以保全性命的人不计其数。就像我幼年时期在打猎的时候，只知道以多射杀禽

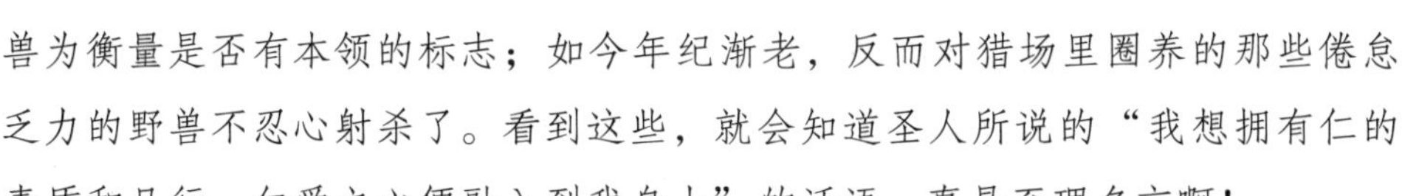

兽为衡量是否有本领的标志；如今年纪渐老，反而对猎场里圈养的那些倦怠乏力的野兽不忍心射杀了。看到这些，就会知道圣人所说的“我想拥有仁的素质和品行，仁爱之心便融入到我身上”的话语，真是至理名言啊！

【解读】

唐代文学家韩愈曾经说过：“博爱之谓仁，行而宜之之谓义。”一个拥有仁爱之心的人，不仅对世间所有的人都能够仁义慈爱，而且对于大自然所有的生灵都充满了仁爱。康熙这种“恩及于禽兽”的仁慈，诚可为后世人效法。尤其是当代社会，森林面积减少、水资源受到污染，造成了野生动物的繁殖率急遽下降，有些珍稀动物已经濒临灭绝。我们更应该对那些野生动物采取保护措施，严禁射杀，以促进其繁衍生息。

虚诈之事　令其自败

训曰：凡事暂时易，久则难。故凡人有说奇异事者，朕则曰：“且待日久再看。”朕自八岁登极，理万几[①]五十余年，何事未经？虚诈[②]之徒一时所行之事，日后丑态毕露者甚多。此等纤细[③]之伪，朕亦不即宣出，日久令自败露[④]。一时之诈，实无益也。

【注释】

①几：通“机”，政务。

②虚诈：虚伪狡诈。

③纤细：细微，细小。

④败露：指坏事或者隐秘的事被发觉。

【译文】

训言说：凡事都是暂时容易，而时间一久就难了。所以凡是有人说离奇怪异的事，我就会说：“姑且等上一段时间再看。”我从八岁登基至今，处理繁杂的政务达五十多年，什么样的事情没有经历过？虚伪狡诈的人所做的事情，日后丑态毕露的很多。对于这些细小的伪装，我也不立即当场揭穿，让它在时间的洗礼中自行败露。短时间的虚诈，实在是没有好处。

【解读】

俗话说："路遥知马力，日久见人心。"任何人和事，经过时间的检验之后，就能看出其善恶真伪。所以，对于那些离奇怪异的事情，更需要以时间来检验，而不能听之即信。孔子曾经说过："听其言，观其行。"尤其那些离奇古怪的言谈，更应当观之察之，以辨其真伪。一般说来，坏事是难以长期掩藏的。郑武公曾言："多行不义必自毙。"《璎珞经·有行无行品》称："善有善报，恶有恶报。"坏事做尽，终会遭到应有的报应。"天网恢恢，疏而不漏。"为人处世，还是不要心存一时的侥幸。唯有一心向善，才会得到应有的善报。

忌奢尚俭

训曰：世之财物，天地所生，以养人者有限。人若节用，自可有余；奢用则顷刻尽耳，何处得增益耶？朕为帝王，何等物不可用？然而朕之衣食毫无过费，所以然者，特为天地所生有限之财而惜之也。

勤免饥寒　俭以养福

训曰：民生本务在勤，勤则不匮[①]。一夫不耕，或受之饥；一妇不蚕，或受之寒。是勤可以免饥寒也。至于人生衣食财禄，皆有定数。若俭约不贪，则可以养福，亦可以致寿。若夫为官者俭，则可以养廉。居官居乡，只缘不俭，宅舍欲美，妻妾欲奉，仆隶[②]欲多，交游欲广，不贪何从给之？与其寡廉，孰若寡欲？语云："俭以成廉，侈以成贪。"此乃理之必然者。

【注释】

①匮：缺乏。

②仆隶：奴仆。出自《列子·仲尼》："固不可事国君，交亲友，御妻子，制仆隶。"

【译文】

训言说：民生的根本要务在于勤劳，只要勤劳就不会贫乏。一个男人不耕田劳作，就会有人挨饿；一个女人不养蚕从事纺织，就会有人受冻。也就是说，勤劳可以使人免受饥寒之苦。至于人生中不可缺少的衣食财禄，都是有定数的。一个人如果能够做到勤俭节约而不贪心，那么他就可以既能够颐养福禄，又能够使自己益寿延年。如果在位为官的人能够做到俭约，就可以成就他廉洁的节操。无论是在位为官，还是闲居家乡，只因为不节俭，却要屋舍漂亮，成群的妻妾侍奉自己，又要众多的仆从跟随左右，想要广泛交游，如果他不去贪污，又从哪里得到这一切呢？与其让他寡廉，还不如让他寡欲？古语说："俭朴能够使人养成廉洁的习惯与作风，奢侈则会让人变得贪得无厌。"这是必然的道理。

【解读】

《尚书》云："克勤于邦，克俭于家。"勤俭节约，是中华民族自古以来的优良传统和美德。无论是一介平民，还是身为帝王将相，都应当崇尚勤俭节约。古语云："静以修身，俭以养德。"节俭不仅是积累财富的手

段，而且也是修养道德的途径。在当今社会，许多年轻人都是生活在安逸的环境里，从小没有吃过苦、受过罪，缺乏老一辈那种艰苦奋斗、勤俭节约的精神。因而更需要在艰苦的环境中锻炼自己，以继承老一辈勤俭持家的传统。

诚能勤勉　处处可耕

训曰：边外水土肥美，本处人惟种糜、黍、稗、稷等类，总不知种别样之谷。因朕驻跸①边外，备知土脉②情形，教本处人树艺各种之谷。历年以来，各种之谷皆获丰收，垦田③亦多，各方聚集之人甚众，即各山壑④中皆成大村落矣。上天爱人，凡水陆之地，无一处不可以养人，惟患人之不勤不勉。尔诚能勤勉，到处皆可耕凿⑤，以给妻子也。

雍正皇帝亲耕图

【注释】

①驻跸：指皇帝后妃外出，途中暂停小住。

②土脉：原指土壤开冻松化，生气勃发，如人身脉动。后来泛指土壤。

③垦田：已开垦的荒地。

④山壑：山谷。

⑤耕凿：耕田凿井。语出古诗《击壤歌》："日出而作，日入而息，凿井而饮，耕田而食，帝力于我何有哉?"这里指耕种、务农。

【译文】

训言说：边塞之外的水土肥美，可当地人只知道耕种糜、黍、稗、稷之类的农作物，而不知道种植别的作物。我因为出行边塞暂住于此，详细了解当地的土壤情形，教当地人种植各种谷物。历年来，各种谷物都获得了很好的收成，开垦的田地也多了，很多人都从各方聚集到这里，就是在各个山沟之中，也都形成了大村落了。上天体恤下民，无论是水地还是陆田，没有一处不养人的。所担心的只是人不勤劳、不努力，白白荒废了土地。你们果真能够做到勤劳努力，到处都可以耕田凿井，以供养妻子儿女。

【解读】

边塞土壤虽然与内地有所差异，但只要了解当地的土壤情形，内地的各种谷物是可以种植的。俗话说得好，没有不好的土地，只有不好的耕作方法。人勤地不懒，只要人勤快，无论什么地都可以获得好的收成。康熙重视农耕，主要是从广大民众生活的角度考虑的。确实，民以食为天，而解决国民衣食的主要途径，就是靠农耕。而如今，粮食安全是治国安邦的首要任务，我国仍然是一个农业大国，仍需要十分重视农业生产。

以劳为福　以逸为祸

训曰：世人皆好逸[①]而恶劳，朕心则谓人恒劳[②]而知逸。若安于逸，则不惟不知逸，而遇劳即不能堪[③]矣。故《易》有云："天行健，君子以自强不息。"由是观之，圣人以劳为福，以逸为祸也。

【注释】

①逸：安闲，安乐。

②恒劳：长久地辛劳。

③堪：勉强承受困难、痛苦、遭遇等。

【译文】

训言说：世人都喜欢贪图安逸而厌恶劳动，我内心却认为，人只有经常劳动，才会知道真正的安逸。如果只是一味地安于逸乐，不仅难以懂得真正的安逸，而且一旦遇到劳苦之事，他就会承受不了。所以，《易经》上有言："天道的运行刚健强劲，君子应当自我发愤，不断努力。"从这一点来看，圣人是把劳动作为纳福的根本，把安逸作为招祸的缘由。

【解读】

勤劳本是华夏民族的传统美德，而贪图安逸是许多人的通病。对于好逸恶劳的危害，前人多有认识。古人曾言："一夫不耕，或受之饥；一女不织，或受之寒。"欧阳修《五代史伶官传序》也一再强调："忧劳可以兴国，逸豫可以亡身"；"祸患常积于忽微，智勇多困于所溺。"所以，勤劳是人获得福报的资本，安逸是招致灾祸的根源。康熙倡言勤劳的做法，深值得后人效法。我们当今仍需要通过勤劳改变自己的命运，需要通过勤劳使国家兴旺昌盛。老祖宗勤劳善良的传统不能丢，努力制止好逸而恶劳的风气，才能使我们的生活逐步提高，使孙后代得到福荫。

勤修不惰　身安泽长

训曰：尝谓四肢之于安佚[①]也，性也。天下宁有不好逸乐者？但逸乐过节则不可。故君子者，勤修不敢惰，制欲不敢纵，节乐不敢极[②]，惜福不敢侈，守分不敢僭[③]，是以身安而泽长也。《书》曰："君子所，其无逸。"《诗》曰："好乐无荒，良士瞿瞿[④]。"至哉斯言乎！

【注释】

①安佚：安乐舒适。

②极：达到极点。

③僭：超越本分，指地位低微者冒用上司的名义或礼仪、器物。

④瞿瞿：警惕瞻顾貌。

【译文】

训言说：我曾经说过，四肢贪求舒适、安逸，是人的本性。天底下哪里有不喜欢舒适、安逸的人呢？但是，追求逸乐过度了就不行了。所以，君子应当勤于修身，不敢有丝毫的懒惰之心；应克制自己的欲望，不敢随意放纵；节制欢娱而不敢恣意到极点；珍惜已有的福分而不敢追求过分的享受；一定要安分守己，不敢有丝毫的僭越；因此才能够使自己得以安身，享受到恒久绵长的福泽。《尚书》说："君子所在其位，不要贪图安逸。"《诗经》说："虽然喜好逸乐但不荒废自己的追求，贤良的人应当谨慎而又勤勉。"这都是至理名言啊！

康熙南巡图（局部）

【解读】

贪图安逸是人的本性，人都想生活得舒适快乐，谁也不想吃苦受累。但无论什么都应有个度，一味地好逸恶劳，终究会毁了自己。所以，人应当勤于修身，不要贪图安逸。《尚书》中说："先知稼穑之艰难，乃逸。"也就是说，安逸是有条件的，那就是不要因为安逸而荒废了自己的追求。否则，没有安身立命的资本，是难以生活安逸的。当今社会中，一些人不思进取，只想一味地享乐。结果却因为一时的逸乐，而造成了终生的窘迫，这是得不偿失的。因此，要想安逸，首先要勤劳，这是立身的根本。

减用宫女　节约开支

训曰：尝闻明代宫闱之中食御①浩繁，掖庭②宫人几至数千，小有营建，动费巨万。今以我朝各宫计之，尚不及当日妃嫔一宫之数。我朝外廷军国之需，与明代略相仿佛。至于宫闱中服用，则一年之用，尚不及当日一月之多。盖深念民力惟艰，国储至重，祖宗相传家法，勤俭敦朴为风。古人有言："以一人治天下，不以天下奉一人。"以此为训，不敢过也。

训曰：古史书载：出宫女三千，以为大德。明时宫女至数千，脂粉钱至百万。今朕宫中计使女恰才三百，况朕未近使之宫女，年近三十者，即出与其父母，令婚配。汝等皆系朕子，如此等处，宜效法行之。

《雍正妃行乐图》之一

【注释】

①食御：吃用之费。

②掖（yè）庭：宫中旁舍，宫女居住的地方。

【译文】

训言说：我曾经听说明代的后宫之中，吃用之类的开销浩大繁杂，在掖庭中居住的官人几乎高达数千，即便是小的建造项目，也需要耗费上万的巨资。如今对我朝各宫所用的人数进行统计，还不及当时的妃嫔一宫人数。我朝外廷在军务和国政方面的开支，与明代大抵相当。至于后宫之中的衣服之类的费用开销，如果按一年的所用来算，还没有当时一个月的开销多。这都是因为考虑到广大民众的承受能力有限，生活艰难，国家的储备至关重要，祖宗代代相传的家法，都是奉行勤俭质朴的风尚。古人曾经说过：“以一人治理天下，不以天下事奉一人。”我常以这两句话作为教训，不敢有丝毫的违背。

训言说：古代史书中曾记载放出三千宫女，把它作为一件大的功德。明朝的时候宫女高达数千，光她们化妆用的脂粉钱就要花上百万之多。如今我宫中使用的侍女总计刚好三百，况且我没有直接使唤的宫女，年龄将近三十岁的，就放出宫交给她们的父母，让她们结婚嫁人。你们都是我的子孙，像这些地方，应当按照我的做法去执行。

【解读】

宫廷花费是一笔庞大的开支，作为一代帝王，康熙能够从民众的承受能力、从节约开支的角度考虑，减少宫女的使用人数，释放达到一定年纪的宫女出宫，以节省不必要的花费与开支，这一点可以说是难能可贵的。从历代宫廷使用宫女的数量来看，康熙时代是最少的。释放宫女，同样体现了康熙仁政的一面。它不仅解决了以往“白头宫女”终老宫廷的问题，也使得那些到了婚嫁年龄的宫女得以与家人团聚、重新找到人生的归宿。这一举措对于我们当今的政府机关减员增效是一个很好的借鉴。当今有不少政府机关和企事业单位，正职之下往往有数个或者更多的副职，实际上，这些副职所担任的工作，往往一两个人都能胜任。由此造成了人才和资金的浪费。因而，应当精简人员，节约经费开支，或把那些“闲人”调到合适的位置，以发挥其应有的作用。

不喜贵物　有用即佳

训曰：朕生性不喜价值太贵之物。出游之处，所得树根或可观之石，围场所获野兽之角或爪牙，以至木叶之类，必随其质而成一应用之器。即此观之，天下之物，虽最不值价者，以作有用之器，即不可弃也。

【译文】

训言说：我生来就不喜欢那些价值昂贵的东西。出游到某一个地方，得到的一些树根或者可以观赏的石头，围场打猎时获得的野兽角或者爪牙，以及一些木头和树叶之类的东西，一定根据它的性质制成有用的器具。就从这一点来看，天下的东西，即便是最不值钱的，如果把它做成具有一定作用的器具，那么就是不可随意抛弃的了。

【解读】

价格昂贵的东西不一定好，也不一定实用。黄金贵重，对于饥者不如一碗米饭止饿；价值连城的宝物，不如一件粗布衣衫遮风挡雨。物有所用，才能真正发挥它的价值，否则，无论多么珍贵，也只能束之高阁。在当今社会，好多人都崇尚价格昂贵的名牌，认为名牌的东西就一定好，其实不然。有好多质量优良且价格低廉的东西反而更为实用。对于那些不能普遍推广、没有实用价值的东西，通过改造，变废为宝，不失为一种变无用为有用的好方法。

生性廉洁　不奢于用

训曰：朕为天下君，何求而不得？现今朕之衣服有多年者，并无纤毫之玷[①]，里衣亦不至少污，虽经月服之，亦无汗迹，此朕天秉[②]之洁净也。若在下之人能如此，则凡衣服不可以长久服之乎？

训曰：朕所居殿现铺毡片等物，殆及[③]三四十年而未更换者有之。朕生性廉洁，不欲奢于用度也。

训曰：世之财物，天地所生，以养人者有限。人若节用，自可有余；奢用则顷刻[④]尽耳，何处得增益耶？朕为帝王，何等物不可用？然而朕之衣食毫无过费，所以然者，特为天地所生有限之财而惜之也。

【注释】

①纤毫之玷：指极其细微的污点。

②天秉：天赋，禀赋。

③殆及：将近，快要到。

④顷刻：片刻，极短的时间。

【译文】

训言说：我作为天下人的君主，有什么欲求是得不到的呢？如今我的衣服有的已经穿了很多年，并且没有丝毫的玷污，甚至于内衣也没有被弄脏多少；虽然我整月都穿它，也没有汗迹，这是我生来洁净的缘故。如果下面的人都能够像我这样的话，那么什么样的衣服不可以长久地穿呢？

训言说：我所居住的宫殿现在所铺的毡片之类的东西，将近三四十年没有更换的都有。我生性廉洁，因而不想在用度方面过于奢侈靡费。

训言说：世上的财物，都是仰赖于天地生成，用来供养人生活的东西是有限的。人如果节约利用，自然可以有所结余；如果奢侈浪费，很快就会用尽，又从哪里得到补充呢？我作为一代帝王。什么样的东西不能用？然而我的衣食用度一点都没有过分奢费。我之所以这样做，是因为天地所生的财物有限而特别珍惜啊！

【解读】

“普天之下，莫非王土；率土之滨，莫非王臣。”康熙作为一代帝王，可以说国中所有的财物都是他的，而他却能够带头不“奢于用度”，这一点是很难得的。相对于历史上那些只知挥霍用度、不思治国安邦的君主，康熙不失为“有道明君”。这不仅为他的子孙做了一个好的榜样，而且也为后世所称赞。他的生活习惯，让后人懂得这样一个道理：衣服不在于多么华贵，只要干净就好。世上的财物是有限的，只有节约使用，才能保证财物资源的长期供给。

住房宽敞　适意为宜

训曰：朕从前曾往王大臣等花园游幸[①]，观其盖造房屋，率皆[②]效法汉人各样曲折槅断，谓之套房。彼时亦以为巧，曾于一两处效法为之，久居即不如意，厥后不为矣。尔等俱各自有花园，断不可作套房，但以宽广宏敞[③]，居之适意为宜。

【注释】

①游幸：指帝王出游。

②率皆：都是。

③宏敞：高大宽敞之意。

【译文】

训言说：从前，我曾经到一些王公大臣的花园里去游览，看他们建造的房屋，基本上都是效法汉人做成各式各样的槅断，称为套房。那时候我也觉得这种房屋构造很巧妙，曾经在一两个地方比着建造了这样的住所。可是在那里住长了，就会觉得不尽如人意，以后就再也不做了。你们都有自己各自的花园，千万不要做套房，只要房间宽敞明亮、居住适合心意就好。

【解读】

居住什么样的房子，和各民族的民族风情、生活习惯以及自然条件有关。

房屋居住的不同，在很大程度上体现了本民族的特色。康熙告诫子孙不要刻意模仿汉人建造的套房，是希望子孙能够保留本民族的生活方式与习惯，以减少因居住环境的改变所带来的生活上的不适应。在康熙看来，房间只要宽敞明亮、居住适意就好，没有必要刻意效法别人。这一点，对于我们今天的人来说，仍然是金玉良言。有些人看到别人住高楼大厦，就不安于自己居住的平房，而住楼房的人又羡慕住别墅的人。然而，即便是别墅，居住也有不尽如人意的地方。珍惜自己所拥有的才是最重要的。古人云："良田千顷，不过一日三餐；广厦万间，只睡卧榻三尺。"如果能够做到像颜回一样，"一箪食，一瓢饮，在陋巷，人不堪其忧，回也不改其乐"，那么离高人雅士的境界也就不远了。

养生五谷　珍重爱惜

训曰：古之圣人，平水土，教稼穑[①]，辨其所宜，导民耕种而五谷成熟。孟子曰："五谷熟而民人育。"则人之赖于五谷者甚重。尝思夫天地之生成，农民之力作，风雷雨露之长养，耕耘收获之勤劳，五谷之熟，岂易易耶？《礼·月令》曰："天子以元日[②]祈谷于上帝。"凡为民生粒食计者至切矣，而人何得而轻亵[③]之乎？奈何世之人惟知贵金玉而不知重五谷，或狼藉[④]于场圃，或委弃于道路，甚至有污秽于粪土者。轻亵如此，岂所以敬天乎？夫歉岁谷少，固当珍重；而稔岁[⑤]谷多，尤当爱惜。《诗》曰："粒我蒸民，莫匪尔极。贻我来牟，帝命率育。"噫嘻重哉！

训曰：每岁自南方漕运[⑥]米粮一石，费银数两，盖因地远难致之故。不肖兵丁不知运粮之艰，既得粮米，因暂时有余，遂卖银钱，以供几次饱餐醉饮，及米不继之时，妻子又皆不免饥饿。此等处朕知之甚悉，故放米之时，屡降严旨于管辖人等，严禁奢费与卖米者，特为兵丁之生计也。无知之人以兵丁卖米为小事，不知米者养人之本，为人上者不留心省察[⑦]可乎？

【注释】

①稼穑（jià sè）：耕种与收获。泛指农业劳动。

②元日：即正月初一。出自《尚书·舜典》："月正元日，舜格于文祖。"孔传："月正：正月；元日：上日也。"

③轻亵：犹轻慢。

④狼藉：杂乱堆积。

⑤稔（rěn）岁：指丰收之年。

⑥漕运：指我国历史上从内陆河和海路运送官粮到朝廷和运送军粮到各军区的系统，包括开发运河、制造船只、征收官粮、军粮等。

⑦省察：审查，仔细考察。

【译文】

训言说：古代的圣人平定水土，教给人们播种与收获，分析庄稼适宜生长的条件，引导民众耕耘播种，从而使五谷成熟。孟子说："五谷成熟而人民得以生育。"可见人们依赖五谷生存的程度是多么深。我曾想天地的生长化育，农民的辛勤劳作，风雷雨露长期滋养，耕耘与收获的勤劳，五谷的生长与成熟，哪里会那么容易呢！《礼记·月令》说："天子在元日这天向上帝祈祷五谷。"这是为百姓的生计和粮食操心，心情极为迫切，人们怎么可以轻看五谷呢？怎奈世上的人只知道以金玉为贵而不知道重视五谷，有的把它散乱地堆在场圃，有的把它丢弃在道路之上，甚至还有的把它扔在污秽的粪土之中。对五谷如此轻慢，难道用这种方式来敬上天吗？庄稼歉收之年五谷收成少，固然应当爱惜珍重；而丰收之年收成虽好，尤其应当珍重爱惜。《诗经》说："养育我广大民众，没有比五谷的功德更大。赏赐给我好的麦种，上帝命我保护百姓生息绵延。"哎呀，五谷在人们生活中的作用是多么重要啊！

训言说：每年从南方水路运输一石米粮，需要耗费数两白银，这是因为路途遥远，运输艰难的缘故。一些没有出息的兵丁不知道运送粮食的艰难，在得到粮米之后，因为短期内存有积余，就拿去变卖，换成银钱，以供自己享受几次饱餐醉饮，等到粮米接济不上的时候，妻子儿女又都免不了饱受饥饿之苦。这种情况我了解得非常清楚，所以在发放军粮之时，多次下旨严命管辖人员，严禁奢侈浪费和卖米一类的事情发生，这是特意为兵丁的生活考虑而采取的措施。一些不明事理的人认为兵丁卖米只不过是区区小事，却不知道米粮是人赖以生存的根本，作为一国之君不留心详细审察怎么可以呢？

【解读】

管子云："仓廪实而知礼节，衣食足而知荣辱。"中国是一个发展中的农业大国，五谷是民生之本。历代统治者都予以高度重视，康熙也不例外。他再三强调重视五谷，并采取措施严禁兵丁奢侈浪费、私自卖米等，有效地遏制了浪费粮米的现象。而当今，我国已成为一个拥有十多亿人口的大国，所需要的粮食数量之多，更非以前的历朝历代所能相比。因此，我们更应当珍重粮食、爱惜粮食。

广备蓄积　灾年不忧

训曰：古人尝言："三年耕，必有一年之积；九年耕，必有三年之积。"此先事预防之至计，所当讲求于平日者。近见小民蓄积匮乏[①]，一遇水旱，遂致难支。此皆丰稔之年，粒米狼戾[②]，不能储备之故也。国计若是，家计亦然。故凡家有田畴[③]足以赡给者，亦当量入为出。然后用度有准，丰俭得中，安分养福，子孙常守。

【注释】

①匮乏：缺乏，贫乏。多用于物资。

②粒米狼戾：谷粒撒得满地都是。

③田畴：田地。

【译文】

训言说：古人曾经说过："三年耕种，必定会留有一年的积蓄；九年耕种，必定会存有三年的积蓄。"这是事先做好预防灾年的最好方法，所以在平时就应当特别注意。最近看到一些百姓之家蓄积很少，一旦遇到水旱等自然灾害，就会陷入生计难支的困境。这皆因在丰收之年不珍惜粮食，弄得到处都是，不能储备的缘故。一国之计如此，一家之计也是这样。所以，凡是家里置有田地，足以自给自足的人，也应当根据自己的收入来计划支出的量。然后以一定的标准来使用，丰富与节俭处理合理得当，安分守己颐养福禄，并且使子孙经常遵守。

【解读】

天有不测风云，人有旦夕祸福。大自然的风云变幻，难免会给人带来水旱灾荒、庄稼歉收等，而唯一能够补救的办法就是提前储存粮食。贾谊《论积储疏》云："夫积贮者，天下之大命也，苟粟多而财有余，何为而不成。"积储是预防灾年的最好办法，这是很多人都明白的道理。天灾虽然无情，但只要人们多积储，就可以安然度过灾荒。有备方能无患。目前，世界正面临着粮食危机，我国的粮食缺口也在不断加大，中国正在成为全球第一粮食进口大国，要解决我国14亿人口的粮食问题，不仅要加快推进传统农业向现代农业转变，还要搞好粮食储备工作，高度重视国家粮食安全。

求实务用

训曰：凡人彼此取与，在所不免。人之生辰，或遇吉事，与之以物，必择其人所需用，或其平日所好之物赠之，始足以尽我之心。不然，但以人与我何物，而我亦以其物报之，是彼此易物名而已矣，毫无实意。此等处凡人皆宜留心。

知之为知　言行一致

训曰：人多强不知以为知，乃大非善事，是故孔子云："知之为知之，不知为不知。"朕自幼即如此。每见高年人必问其已往经历之事，而切记于心，决不自以为知而不访①于人也。

训曰：孔子云："先行其言，而后从之。"如宋周、程、张、朱诸儒，皆能勉行道学之实，其议论皆发明先圣先贤之奥旨②。又若司马光，乃宋朝名相，观其编辑《资治通鉴》，论断古今，尽得其当，可谓言行相符，然自未尝博道学之名也。今人讲道学者，徒尚③语言文字，而尤好非议人，非惟言行不符，而言之有实者，盖亦寡矣。朕不尚空言，惟务实行，尤不肯非议人。盖以人各有短长，弃其所短，而取其所长，始能尽人之材。若必求全责备，稍有欠缺，即行指摘，非忠恕④之道也。

【注释】

①访：询问。

②奥旨：深奥的含义，要旨。

③徒尚：只是仰慕。徒，只，仅仅；尚，仰慕，崇尚。

④忠恕：忠诚宽恕。

【译文】

训言说：人大多把不知当成知，这绝不是什么好事，因此孔子说："知之为知之，不知为不知。"我从小就是这样。每当见到年老的人一定要问他以往所经历过的事情，然后牢记在心，决不自以为自己知道而不向他人询问。

训言说：孔子说："先实行自己所要讲的道理，然后再用语言总结它。"比如宋代的周敦颐、程颢、程颐、张载、朱熹等众位儒者，都能够努力将他们所推行的道学付诸实践，而他们的言论又都能阐发古圣先贤的深奥意旨。再如司马光，他是宋朝有名的宰相，观看他所编辑的《资治通鉴》，评议、

判断古今的是非，恰如其分，可以说言行相符了。然而，他们都未曾博取道学之名。如今许多讲论道学的人，空自崇尚语言文字，而且尤其喜欢批评、指责别人，并非只是言行不符，即便是那些言语比较实在的，也是少之又少。我不欣赏那些空洞的言论，只重视实际的行动，尤其不喜欢随意批评、指责他人。因为每个人都有一定的长处和短处，只有回避或克服别人的短处，发挥或发扬别人的长处，才能充分发挥一个人的才能。如果一定要求全责备，只要稍微有所欠缺，就横加指责，这就不是孔子所谓的忠诚、宽恕之道了。

【解读】

不管多么高明的言论，都需要放到实践中去检验。如果不能用之于实践，终是没有任何用处的空言。孔子曾经说过："我欲载之空言，不如见之于行事之深切著明也。"康熙不重言论、只重落实的做法，是与孔子"先行其言，而后从之"的观点一脉相通的。我们当今也应这样，不要只是发一些空洞的言论，或者被那些华而不实的言论所迷惑。听其言，更应当观其行。论人长短，不要只是一味地求全责备，一切以忠恕之道为原则。

有实则名　名实一物

训曰：程子云："有实则有名，名实一物也。若夫好名者，则徇名①为虚矣。如'君子疾没世②而名不称'，谓无善可称耳，非徇名也。看来有一等好名之人，惟名是务，不着一毫诚实之处，只管行去，不惟无分毫之实，究至于名亦不能保。"程子此言，可谓力行之要道也。

【注释】

①徇名：舍身以求名。

②没世：终身，指到死。

【译文】

训言说：程子说："有实际的功劳就有名声，名声与实际的功劳同是一回事。至于那些热衷于名声的人，舍生忘死地追求名声，结果到头来什么也没有得到。比如‘君子引以为憾的是到死都没有好的名声被人称扬’，是说自己没有美好的品德为人称道，并非指君子不顾一切去追求名声。看起来有一种好名的人，只是一味地追求名声，而不在实际方面下一点功夫，只管我行我素，不但没有一分一毫的事功，甚至于连自己原有的名声也不能保。”程子所说的这些话，可以说是身体力行的重要道理。

【解读】

人过留名，雁过留声。自古以来不乏好名之人。南宋名臣文天祥曾言：“人生自古谁无死，留取丹心照汗青。”重视的是名声，为的是留名青史。然而，并非所有好名的人都名副其实，留名青史的人也未必都是名声与功劳相当。喜好名声虽然并没有错，但应当多在实际上下功夫，方能实至名归。否则，只是一味地追求名声而不去做实际的事，终会失去应有的名声。康熙对于名声应建立在功劳之上的再三强调，不仅有利于子孙树立建功立业以扬名后世的远大志向，而且也教育后世之人：不要贪求虚名，应当多做实事。

凡事空谈　不如眼见

训曰：凡事只空谈，若不眼见，终属无用。《诗》云：“伯氏吹埙，仲氏吹篪。”然而实见埙篪[①]者有几人？一岁除日，乾清宫正陈设乐器，朕召南书房汉大臣、翰林等降旨云：“尔等凡作诗赋，多以埙篪比兄弟，问尔埙篪之形如何，皆云不知，因命内监将乐器中埙篪取与伊等观看。伊等看毕，欣然称奇，以为臣等惟于书中见之，即随口空谈，谁人实见埙篪？今日方得明白也。”凡事皆如此，必亲见亲历，始得确实。若闻之他人或书中偶见，即据以为言，必贻笑[②]于有识之人矣。

【注释】

①埙篪（xūn chí）：乐器名，前者如梨形，后者如笛状，但因发音原理

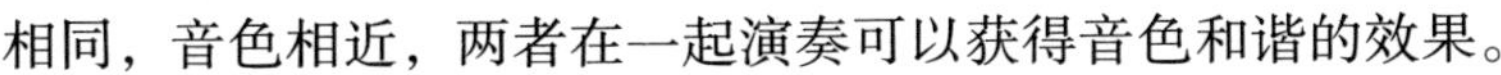

相同，音色相近，两者在一起演奏可以获得音色和谐的效果。

②贻笑：留下笑柄。

【译文】

训言说：凡事只是空谈，如果没有亲眼所见，那么终究是无用的。《诗经》说：“长兄吹埙，小弟吹篪。”然而真正见过埙篪的人能有几个呢？有一年除夕，乾清宫里正在陈列各种乐器，我召集南书房那些汉族大臣、翰林到此参观，并且降旨给他们：“你们平常写作诗赋，大多把埙篪比作兄弟，但是我问你们埙篪的形状是什么样的，可你们都说不知道，因而我特意命令太监把乐器之中的埙篪拿出来让你们观看。你们看完之后，都欣喜得连连称奇，认为你们只是在书上见过，于是就随口空谈，有谁能见过真正的埙篪呢！到今天才算真正明白了。”凡事都是这样，一定是自己亲眼见到、亲身经历的，才能够准确无误。如果只是听闻他人所说，或者是在书中偶然所见，就根据它盖棺定论，一定会被有见识的人贻笑大方的。

【解读】

俗话说得好：耳听为虚，眼见为实。只有亲眼所见，才能够盖棺定论。那种只从书上见到就随意谈论的做法是不足取的，否则有可能是错上加错。盲人无法亲眼看到象，仅凭摸到的部分来给象下定义，结果与真正的象有天壤之别；赵括空自纸上谈兵，结果在实战中一败涂地。所以，康熙凡事“必亲见经历”的观点很有见地，至今仍为人们所尊崇和效法。尤其是对于那些仅凭道听途说就人云亦云的言论，“眼见为实”更是重要的衡量标准。

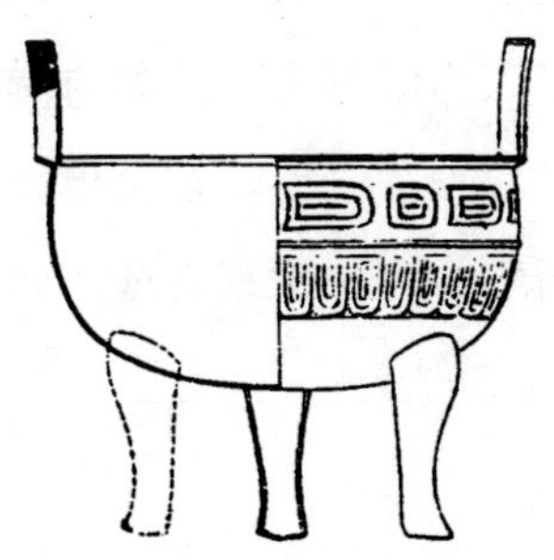

偶遇灾害 必自深省

训曰：朕自幼登极，迄今六十余年，偶遇地震水旱，必深自儆省[①]，故灾变即时消灭。大凡天变灾异[②]，不必惊慌失措，惟反躬自省，忏悔改过，自然转祸为福。《书》云：“惠迪吉，从逆凶，惟影响。”[③]固理之必然也。

【注释】

①儆（jǐng）省：使人觉悟，反省。

②天变灾异：由于天象的变异而造成的异常的自然灾害。

③惠迪吉，从逆凶，惟影响：语出《尚书·大禹谟》。惠，顺从。迪，道理。

【译文】

训言说：我从幼年继承大统，到如今已经六十多年。偶尔遭遇地震或者水旱之灾难，一定深深地自我儆戒反省，因而灾害很快就能解除。所以凡是遇到由于天象的变异而引起的自然灾害，没有必要惊慌失措，唯有回过头来进行自身的反省，真正地忏悔改过，自然就会转祸为福。《尚书》说：“顺应天道就会吉利，违背天道就会有灾祸。如影之随形，响之应声。”这本来就是理所必然的。

【解读】

孟子曾言：“吾日三省吾身。”人生一世，难免会遇到各种各样的事情，也难免会处事不当。深自反省，可以使人少犯错误或者改正错误。当然，灾祸的产生，不一定都是由于人为的过失，比如自然灾害，纯属自然现象引起，和人是否有过失并没有直接的关系，但通过反思，可以找出灾害发生的原因，从而采取积极有效的防御措施，以减少灾害造成的损害。

五谷菜蔬　观其收获

训曰：朕自幼喜观稼穑，所得各方五谷菜蔬之种，必种之以观其收获，诚欲广布[①]，于民生或有裨益[②]也。朕丰泽园所种之稻，偶得一穗，较他穗先熟，因种之，遂比别稻早收。若南方和暖之地，可望一年两获[③]。即如外国之卉、各省之花，凡所得种，种之即生，而且花开极盛。观此，则花木之各遂其性也可知矣。今塞外之野茧，大似山东之山茧，朕因织为茧紬[④]，制衣衣之。此皆农桑之要务。至于花木，皆天地生意所发，故朕心深惬焉。

【注释】

①广布：广泛传播。

②裨（bì）益：益处，使受益。

③一年两获：指庄稼一年两季收割。

④茧紬（chóu）：粗丝绸。紬，古同“绸”。

【译文】

训言说：我从小就爱看农民播种和收割庄稼，我在各地得到的五谷和蔬菜的种子，一定要把它们种在土地里，来观看它们的收获。我之所以这样做，确实是想能够广泛地播种，这对于国计民生可能会有所裨益。我在丰泽园所种下的水稻，偶尔得到了一穗比其他稻穗先成熟的，因而种下它，最终果然比别的水稻收获得早。如果在南方气候温暖的地方，还有希望一年收获两季。即便外国和各省的花卉，凡是我得到种子以后种下去，就会生长，而且花开得还很茂盛。从这一点就可以知道各种花木都是适应它们各自的特性的。如今塞外的野茧，大小像山东的山茧，我因而把它织成茧紬，制成衣服来穿。这些都是农桑的重要事务。至于那些花木，都是天地间欣欣向荣的生意所激发，所以，我的内心深深感到惬意。

大获其利（钱慧安）

【解读】

任何植物，都有适合其生存的土壤，只要在土壤里播下种子，就会有所收获。“春种一粒粟，秋收万颗子。”观看收获是一件令人十分快意的事情，因为收获果实不仅给人一种硕果累累的成就感，而且它还关乎国计民生。民以食为天，粮食丰足，自然也就解决了广大民众的衣食之忧。康熙身为一国之君，深知农桑对于国计民生的重要。因此，他在政务繁忙之余，亲自从事农桑事务，这不仅为举国臣民带了个好头，而自己也亲自体会到了农民耕种的艰辛和丰收的喜悦。其实，从事农业劳动还有一个与人的身体密切相关的好处，那就是增强体力，使身体健康。对于当今终日埋头于电脑桌旁、整日处于亚健康状态的人们而言，适当地从事一些力所能及的农务，是大有好处的。

物随其姓　随处可生

训曰：今者各国海外诸物毕至①，珍禽奇兽，耳之所未闻、书传之所记者，皆得见之，且畜养而孳生②者亦有之。即此观之，凡物各遂其性，虽禽兽亦如其本地之生育焉。汝等如此少年，甚至于孩提之童③，遽能④见此各种禽兽，岂可易视也与！

【注释】

①毕至：全都到来。

②孳生：指经人工饲养而繁殖。

③孩提之童：两到三岁的儿童。

④遽能：就能。

【译文】

训言说：如今各国把海外的各种东西全都送到我们这里来，那些珍贵的飞禽，奇异的野兽，耳朵所没有听到过、书传上所记载的，如今都能见到了，并且也有经过人的饲养而繁殖的。就这件事来看，一切物事只要随顺它们各自的本性，即使禽兽也像它们在其本地生育的一样。像你们这样青春年少，甚至于两三岁的小孩，都能见到这些各种各样的珍禽异兽，怎么可以轻易看待呢！

【解读】

无论什么事物，只要顺其本性，就能适应生长。那些从海外而来的奇珍异兽，只要为其提供适应生长的环境，照样可以在中国生存，以至于使中国的“孩提之童”都能够一饱眼福。现如今，世界各国交往日益频繁，那些奇珍异兽和各国人一样，在异国安家更是一件平常之事。非洲的斑马可以扎根于中国，而中国的大熊猫也可以走向世界。关键是要掌握各种动物生活的习性，为其营造适宜生长的环境。

当尽人事　以听天命

训曰：古人云："尽人事以听天命①。"至哉是言乎！盖人事尽而天理②见，犹治农业者耕垦宜常勤，而丰歉③所不可必也。不尽人事者，是舍其田而弗芸也；不安于静听者，是揠苗而助之长④者也。孔子进以礼，退以义，所以尽人事也。得之不得曰"有命"，是听天命也。

训曰：人生凡事固有定数⑤，然而其中以人力夺天工者有之，如取火镜、指南针，一物之微，能参造化⑥。至于推步七政⑦之运行、寒暑之节候、日月之交蚀，皆时刻不爽⑧。又若春耕夏耘，乃致西成秋获⑨，苟徒恃天工，不尽人力，何以发造化之机，而时亮天工乎？

【注释】

①尽人事以听天命：意思是说尽人的能力去做应该做的事，至于结果如何，需要听从上天对人的命运的安排。

②天理：天道，自然法则。

③丰歉：指庄稼的收成情况。庄稼收成好叫丰收，收成不好叫歉收。

④揠（yà）苗而助之长：揠，拔。意思是把苗拔起以助其生长。比喻违反事物发展的客观规律，急于求成，结果反而把事情弄糟。典出于《孟子·公孙丑上》：宋人有闵其苗之不长而揠之者，芒芒然归，谓其人曰："今日病矣，余助苗长矣。"其子趋而往视之，苗则槁矣。

⑤定数：气数，定命。指国家的兴亡、人世的祸福皆由天命或某种不可知的力量所决定。

⑥造化：自然。

⑦七政：古代天文术语，亦称"七曜""七纬"，指日月和金、木、水、火、土五星。

⑧不爽：不差，没有差错。

⑨秋获：秋天收获庄稼。

【译文】

训言说：古人有云："尽人的能力去做应做的事情，结果如何则要听从上天的安排。"这句话说得很精辟。人的力量尽到了，天理就会随之显现。就如同从事农业劳动者经常辛勤劳作，但收成的丰歉却难以把握。不尽自己的能力去做事，是放弃他耕耘过的土地不进行管理；不安心地听从天命的安排，顺应自然规律，其结果是拔苗助长。孔子前进遵从礼的规范，后退讲究义的风度，以此来尽人力，无论得与不得，他都会说"天意如此"。这是听从上天的安排啊！

训言说：人生之中凡事固然有定数，然而，其中也有以人力巧夺天工的，如取火镜、指南针，一件东西虽然微小，却能参与自然造化，至于日月五行运行的推算、寒暑的节气与气候、日月的起落交替，时刻都没有差错。又比如春夏耕耘，乃至于秋天农事的收获，如果只是盲目地依赖于大自然的恩赐，不充分地发挥人力的作用，凭什么发挥自然造化的机能，从而时常彰显天工的作用呢！

【解读】

古语云：谋事在人，成事在天。事业的成功是有多种因素促成的，这既需要主观的努力，也需要客观条件允许。诚如《孙子兵法》所云："天时、地利、人和，三者不得，虽胜有殃。"所以，要想取得成功，必须多种因素和条件具备。康熙的这段训言就是要告诉人们：如何处理好主观努力与客观条件的关系很重要。一个人是否能够成功，既不能完全听任于命运，也不能盲目蛮干。这里所谓的天命，并不都是宿命论的成分，它更多的是指自然规律，自然规律是不能违背的。只有顺应它，才能更好地发挥人的主观能动作用，从而达到人预期的目的和愿望。《了凡四训》云："荣辱生死，皆有定数。"又云："极善之人，数拘他不定；极恶之人，数亦拘他不定。"这说明，定数是可以改变的。要想改变定数，就需要人们在"听天命"的同时，通过"尽人事"来达到改变命运的目的。在康熙看来，"定数"与"人力"是相辅相成的，它们之间并不矛盾。这就像农民种庄稼，只依赖大自然的恩赐未必有好的收成，还必须依靠人力辛勤耕作，才能获得好的收成。因而我们无论做什么事情，都需要正视客观条件与主观能动性的互动，以免徒劳无功。

兵器变尺　所用之异

一日指案上所置贺兰国[1]铁尺训曰：此铁尺既不曲，且无铁锈气味，尔等其知此乎？乃琢贺兰国刀而为之者。夫改兵器而设于书案，亦偃武修文[2]之意也。曩者西洋人安多见之，曾谓："刀者，兵器，人人见而畏之。今设于书案，人人见而喜持焉，亦极吉祥之事。"斯言最得理也。

【注释】

①贺兰国：应指荷兰国。。

②偃武修文：停止武备，修整文教。

【译文】

一天，我指着摆在桌子上的荷兰铁尺训教说：这把铁尺既不弯曲，而且也没有难闻的铁锈气味，你们知道它的来历吗？这是用荷兰刀雕琢而成的。把改造后的兵器置于书案之上，这也是为了彰显偃武修文之意。以前，西洋人安多看到它，曾经说："刀作为一种兵器，人人见到它就心生畏惧。如今把它置于书案之上，人人见了都想高兴地把玩一番，这也可以说是一件极为吉祥的事。"此话说得最为得理。

【解读】

荷兰铁尺与荷兰刀，本是两种不同的器具。然而经过改造，作为杀人凶器的荷兰刀，摇身一变于是就成了置于书案的高雅饰物。同是一种铁质所造，之所以用途有天壤之别，是因为人们赋予它的作用不同。清朝统治者虽然是一个尚武的民族，可一旦统一了天下，就立即把重点转移到文化治理方面来。因而制定了一系列文化措施，诸如开设博学文词科、编书等，改刀为尺正是为了彰显统治者偃武修文的用意和目的。同时，这种武备改作文具的做法，不仅是常规的废物利用，而且还是一种创新，对于我们当今建设环保型社会也颇有启示。

文字之用　天地至宝

训曰：字乃天地间之至宝，大而传古圣欲传之心法，小而记人心难记之琐事。能令古今人隔千百年觌面[①]共语，能使天下士隔千万里携手谈心；成人功名，佐人事业，开人识见，为人凭据，不思而得，不言而喻，岂非天地间之至宝与！以天地间之至宝而不惜之，糊窗粘壁，裹物衬衣，甚至委弃沟渠，不知禁戒，岂不可叹！故凡读书者一见字纸，必当收而归于箧笥[②]，异日投诸水火，使人不得作践可也。尔等切记！

【注释】

①觌（dí）面：当面，迎面。

②箧笥（qiè sì）：藏物的竹器，古代主要用于收藏文书或者衣物。

【译文】

训言说：文字是天地之间最为重要的宝物，从大的方面说，它能够使古代圣贤想要传授的内心的法规法则得以流传后世；从小的方面说，它可以记载人心难以记忆的琐碎之事。能够使相隔千年的古人与今人犹如面对面在一

儒家经典“十三经”

起交谈，能使相隔万里的天下之人如同携手谈心；它能够成就人的功名，辅佐人们完成事业，使人们增长见识，替人们保存应有的凭据，不用费心思就

可以得到，不用解释就可以明白，这难道不是普天之下最好的珍宝吗？给你天底下最好的珍宝却不知道珍惜，用它来糊窗棂，贴墙壁，包裹东西，垫衬衣服，甚至于把它抛弃在沟渠之中，不知道自我禁戒，岂不是令人可叹！所以，凡是读书的人，只要看到有字的纸，就一定要把它收起来放在书箱里，过一段时间再把它投进水中或者火中，使人作践不到它才好。你们一定要牢记这一点。

【解读】

自从仓颉造字，遂结束了上古结绳记事的历史，开始了人类文化的文字文明。数千年来，文字所起到的作用是巨大的。所以，康熙称文字“乃天地间之至宝”并非过誉之词。确实，文字具有成就人的功名，辅佐人完成所致力的事业，使人增长见识，保存史料文献等诸多功能。在当今，文字更是发挥了前所未有的作用。促进世界各国文化的交流与发展离不开文字。因而，我们更应当利用文字，发扬和光大我国的文化传统，更好地适应当今飞速发展的文化潮流。

种痘无恙　皆得善愈

训曰：国初人多畏出痘[①]，至朕得种痘方，诸子女及尔等子女皆以种痘得无恙。今边外四十九旗，及喀尔喀诸藩俱命种痘，凡所种皆得善愈。尝记初种时年老人尚以为怪，朕坚意[②]为之，遂全此千万人之生者，岂偶然耶！

【注释】

①痘：人或牲畜患的一种接触性传染病，由病毒引起，发病后皮肤上出现豆状疱疹。

②坚意：执意，决意。

【译文】

训言说：国朝初期，人们大多畏惧出痘，等到我得了种痘的良方，众位子女以及你们的子女都因为种痘才得以免受出痘的疾害。如今远在边塞之外的四十九旗，以及喀尔喀各藩都命令种痘，凡是种了痘的人都得到了痊愈。曾记得刚开始种痘的时候，一些年老的人还认为是怪事，我执意要种痘，于是使千万人的生命得以保全，难道这是偶然吗？

【解读】

出痘，俗称出疹子，是一种传染性很强的疾病，给患者带来很大的痛苦。因此，人们往往谈痘色变。康熙将得到的种痘药方用来治疗患者，并且大力推广，从而使很多人得以保全了性命。这虽然是意想不到的成功，但主要得力于康熙的英明果断。俗话说得好：当断不断，反受其乱。正是因为康熙决断得及时，才挽救了许多人的性命，使许多人免受出痘之苦。这也提醒人们：对于新生事物，应当尽力去尝试，很可能会有意外的成功，不要轻易放弃一切可以成功的机会。

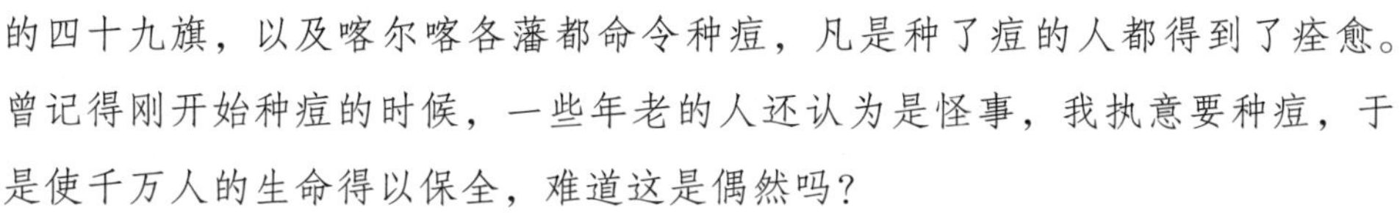

无益之物　尽皆不用

训曰：曩者一时作兴吹筒[①]，吹者甚多，朕亦尝试之，不济于用，且甚伤人气，近来皆不用矣。与其用无益之物，何若暇时熟习弓马[②]，不亦善乎？

【注释】

①筒：一种管乐器。

②弓马：指骑马和射箭。

【译文】

训言说：以前曾一时兴起吹筒之风，很多人都吹它，我也尝试着吹，感觉没有什么用，而且很伤人的心气，所以近来都不用了。与其使用对人无益的东西，还不如在闲暇时熟悉骑马射箭，不也很好吗？

【解读】

康熙学吹筒的事情说明，时兴的东西未必都好，也未必适合每个人。所以，不必凡是时兴的东西都要追随。与其赶时髦，还不如多从事一些有益的事情。我们当今的人也是这样，一味地赶时髦并不是什么好现象，诸如一些人为了赶潮流穿奇装异服、欣赏一些低级趣味的音乐等。所以，对于时髦的东西，应当区别对待，对于有益的东西当从之，无用的东西当弃之。

以物赠人　择其所需

训曰：凡人彼此取与[①]，在所不免。人之生辰，或遇吉事，与之以物，必择其人所需用，或其平日所好之物赠之，始足以尽我之心。不然，但以人与我何物，而我亦以其物报之，是彼此易物名而已矣，毫无实意[②]。此等处凡人皆宜留心。

窦燕山教子图（清·任薰）

【注释】

①取与：同“取予”，拿取和给予。

②实意：真诚的心意。

【译文】

训言说：人们在彼此交往的过程中，相互赠送礼物是在所难免的。人的生日，或者遇到吉庆的事，送给他人礼物，一定要选择对方所需用的或者是平日所喜欢的，这样才能够充分表达自己的心意。否则，只是根据别人送我什么东西，而我也用同样的东西来回赠他，这只不过是彼此交换物品而已，没有丝毫的实际意义。这些地方我们每个人都要注意。

【解读】

彼此赠与，礼尚往来，是人际

交往中不可缺少的。送什么礼物并不重要，重要的是能够代表自己的心意，并且为对方所需要或者喜欢。否则，送的礼物再贵重也没有任何价值和意义。“千里送鹅毛，礼轻情意重。”礼物虽然微不足道，却能够感人肺腑。“雪中送炭”、“雨中送伞”之所以远胜于“锦上添花”，其根本原因就在于其物虽微却能够急人所需。“锦上添花”虽然很美，对于所送的人来说却是可有可无的东西。那种物物交换式的送礼方式更不可取，因为它不代表真诚的心意。前人这些礼尚往来的送礼经验，对于今天的我们来说仍然是值得效法和借鉴的。

教子管下

训曰：父母之于儿女，谁不怜爱？然亦不可过于娇养。若小儿过于娇养，不但饮食之失节，抑且不耐寒暑之相侵。即长大成人，非愚则痴。尝见王公大臣子弟中每有痴呆软弱者，皆其父母过于娇养之所致也。

皇室子弟　当遵国法

训曰：尔等荷蒙朕恩作王、贝勒[①]、贝子[②]，各自分家异居矣，但当谨遵国法，守尔等本分度日可也。尔等王职惟朝会大典，除此，凡外边诸事，不可干预。朕若命以事务，当视朕之所命，尽心竭意，方不负朕之所用而贻人讥笑也。

【注释】

①贝勒："多罗贝勒"的简称，清代贵族封号，相当于王或者诸侯，地位仅次于亲王、郡王。

②贝子：全称为"固山贝子"，清代皇族爵位之一，仅次于贝勒。

【译文】

训言说：你们蒙受我的恩赐当了亲王、贝勒、贝子，已经各自分家另居了，只是你们应当谨遵国家法度，安守本分过好你们的日子就可以了。你们的王位职权只限于朝会大典，除了这以外，凡是外边的各种事务，均不得干预。我如果命令你们去做什么事，你们应当重视我的命令，尽心尽意去做，这样才不辜负我重用你们而免得被人讥笑。

【解读】

国家法度，是一个国家最高权威的象征，也是约束国民行为的准绳。即便是龙子龙孙、皇亲国戚，也都需要遵守。所以，"王子犯法，与民同罪。"历朝历代，"家天下"的承继制，造成了皇子王孙们的权力欲膨胀。因此，康熙鉴于前朝皇子王孙们之间的权势之争、干预政事所造成的恶果，对子孙严加约束，这一点是非常明智的。我们当今有一些"官二代"、"富二代"，仗着自己的父母是高官或者富豪，为所欲为，结果触犯了国家的刑律。可以说，父母管教不严是他们走上歪路的重要原因。因而，康熙的训言发人深省，促使人"有则改之，无则加勉"。

教育子女　自幼当严

训曰：父母之于儿女，谁不怜爱？然亦不可过于娇养。若小儿过于娇养，不但饮食之失节，抑且不耐寒暑之相侵。即长大成人，非愚则痴。尝见王公大臣子弟中每有痴呆软弱者，皆其父母过于娇养之所致也。

训曰：为人上者，教子必自幼严饬[①]之始善。看来有一等王公之子，幼失父母；或人惟有一子，而爱恤[②]过甚，其家下仆人多方引诱，百计奉承，若如此娇养，长大成人，不至痴呆无知，即多任性狂恶。此非爱之，而反害之也。汝等各宜留心！

【注释】

①严饬（chì）：严加整治，严肃告诫。

②爱恤：爱护怜惜。

【译文】

训言说：父母对于自己的儿女，谁会不疼爱呢？然而，也不可以过于娇生惯养。如果小孩子过于娇生惯养，不但在饮食方面失去应有的规律，而且不能抵御寒暑的侵袭。即便是顺利长大成人，不是愚钝就是呆傻。我曾经看到那些王公大臣的子弟中，往往有痴呆软弱的，都是他们的父母过于娇生惯养造成的。

训言说：处在上位的人，教育子女一定要从小就对其严加管教才好。看起来有一些王孙之子，自幼失去了父母；或者是某人只有一个儿子，爱护怜惜过分，他家里的奴仆又多方引诱，百般奉承，像这样娇生惯养，以至于其子长大成人后不是呆傻无知，便是任性妄为，顽劣异常。这不是爱他们，而是害了他们。你们各位应当多加留心！

【解读】

舐犊之情，人皆有之。作为父母，谁都疼爱自己的儿女，但疼爱不等于娇生惯养、不等于溺爱。只有对子女严加管教，才能使子女成为可塑之才。

"棍棒出孝子"的传统教育方式虽然不值得提倡，但在合理范围对子女施加高标准严要求确实会有利于其成长。在当今社会中，由于计划生育政策的推行，很多家庭都是独生子女。因而对孩子倍加疼爱，以至于骄纵太过。在家里，孩子说一不二，成了名副其实的"小公主"、"小皇帝"，父母乃至于祖父母和外祖父母事事都要看孩子的脸色。直到孩子狂妄任性走上了邪路，父母才悔之莫及。然而，这又有什么用呢！所以，教育孩子要及早，从小培养其吃苦耐劳的习惯，以便将来长大成人能够在社会上立足。

循祖之迹　黾勉力行

训曰：朕于各处行伍[①]中效力行走之人，时常唤来与之谈论者，盖因我朝太平[②]已久，今之少年于行兵之道未尝经历，若问此等行军之旧人，则功臣之子孙得闻伊祖父效力行走之处，亦欢喜鼓舞，循其祖父之迹而黾勉[③]力行之也。

【注释】

①行（háng）伍：泛指军队。古代军队编制，五人为伍，二十五人为行，故称。

②太平：指天下平安无事。

③黾（mǐn）勉：勉励，尽力。

【译文】

训言说：我之所以对在各处军队中效力奔走的人，时常传唤来与他们谈论，这都是因为我朝承平已久，而当今的年轻人从未经历过战事，如果向行军队伍中的旧人问及这些事，那么功臣的子孙能够听到他们的祖父辈为国奔走效力的事迹，也会欢欣鼓舞，遵循着祖父辈的功绩勤勉努力、身体力行。

【解读】

以祖辈的功业激励子孙，不失为教育后代的最佳方法。俗话说得好：

“前人之车，后人之辙。”通过缅怀祖辈的功绩，使年轻人受到教育，往往会起到立竿见影的作用。“老子英雄儿好汉”，榜样的力量是不可小视的。这远比严命或者鞭策使其努力要强得多。我们现在教育子女也是一样，与其一遍又一遍地督促孩子们学习，甚至通过体罚使其因畏惧而学习，还不如以身作则，为孩子们树立好的典型和榜样，以实际行动带动他们学习。

祖父之基　岂可易视

训曰：赖祖父福荫[①]，天下一统，国泰民安。远方外国商贾渐通，各种皮毛较之向日倍增。记朕少时，贵人所尚者惟貂，其次则狐肷[②]、天马[③]之类，至于银鼠[④]，总未见也。驸马耿聚忠[⑤]着一银鼠皮褂，众皆环视，以为奇珍。而今银鼠能值几何？即此一节而论，祖父所遗之基、所积之福，岂可易视哉！

【注释】

①福荫：犹福庇。赐福保护的意思。

②狐肷（qiǎn）：狐狸胸腹部和腋下的皮毛，泛指珍贵的衣物。

③天马：骏马的美称。

④银鼠：银鼠又叫伶鼬，白鼠。类属哺乳动物，鼬科中最小的一种。它的毛皮又软又细，十分珍贵。

⑤耿聚忠（1650—1687）：靖南王耿继茂第三子，耿精忠之弟。康熙二年（1663），娶安郡王岳乐之女和硕柔嘉公主为妻。

【译文】

训言说：倚仗祖父赐福保护，终于使天下得到了统一，国家太平，百姓安乐。遥远的国外有越来越多的商人与我国通商，比起往日，各种皮毛的进口量成倍增加。记得我年少之时，身份高贵的人崇尚的唯有貂皮，其次是狐肷、骏马之类，至于说银鼠，我一直没有见到过。驸马耿聚忠穿了一件银鼠皮做的褂子，引得大家都好奇地围着观看，把它当成奇珍异宝。可如今，银鼠皮又能价值多少呢？就从这一点来说，祖辈与父辈们给我们留下的基业，所积累的福禄我们又怎能不重视呢？

松荫教子图（近代·潘振镛）

【解读】

俗话说得好：前人栽树，后人乘凉。老子打江山，儿孙坐江山。但要守住祖宗留传下来的基业，却不是那么容易的。自古以来，创业难，守业更难。历朝历代有多少祖宗打下的基业，却败到儿孙们的手里。商纣王、周幽王、李后主等之所以亡国，就是因为没有重视祖宗留下的基业。有鉴于史，故康熙特别提醒子孙：要重视祖辈打下的基业。只有真正重视了，才不会随意挥霍，不会将祖宗留下的江山白白拱手让人。抚今思昔，我们今天能过上幸福的生活，同样有赖于老一辈革命家与建设者给我们创造的安宁的生活环境、富足的物质条件，我们应该倍加珍惜，努力发扬勤俭持家的优良传统，将祖宗交给我们的基业稳妥地交到下一代手里。所以，如何保住祖宗基业，长期发展下去，关键在于我们这一代是否能够做到重视祖宗留下的基业，做一个合格的守成者与传承者。

创业维艰　守成不易

训曰：中华城池[①]地里[②]图样，虽载于直省志书，但取其大概，而地里之远近，俱不得其准。朕以治历之法，按天上之度，以准地里之远近，故毫无差忒。曾分道遣人尽山川城郭而量其形势，南至沔国，北至俄罗斯，东至海滨，西至冈底斯[③]，俱入度内，名为《皇舆全图》。又命善于丹青者精心绘出，刊刻成图，颁赐尔等。观此图方知我朝地舆之广大。祖宗累积岂可轻视耶！既知创业之维艰，应虑守成之不易。朕惟祝告上天，俾[④]天下苍生永乐此升平之世界耳。

【注释】

①城池：古指城墙和护城河，这里用来泛指城市。

②地里：土地、山川等的环境形势。

③冈底斯：冈底斯山，又名“凯拉斯”，即雪山。横贯西藏自治区西南部，与喜马拉雅山平行。佛教以冈底斯山为宇宙的中心，尊其为圣地。

④俾：使。

【译文】

训言说：中国的城镇山川地图，虽然在各省的志书之中有所记载，但只是取其大致的概况，而地理的实际远近都不准确。我用历法的制定方法，依照自然的法规法则，来核准地理的远近，所以没有丝毫的差错。我曾经分别派遣专人跑遍祖国的大小山川和城郭，去测量其所处的地理形势，往南到沔国，往北到俄罗斯，往东一直到海滨，往西到冈底斯，尽收于版图之内，为其取名为《皇舆全图》。同时又命令擅长绘画的人精心绘制，刊刻成图册，分别赏赐给你们这些人。看到这幅地图，才会领略到我大清皇朝地域的广阔，祖宗积累的功业哪里能够轻视呢！既然知道创业的艰难，就应当思虑坐守其成的不易。我只有虔诚地祝祷上天，使普天之下的老百姓能够快乐长久地享受国泰民安的世界。

【解读】

《魏书·乐志》云："差之毫厘，失之千里。"城镇山川地图准确与否，直接关系到祖国城镇山川地理位置的准确性。康熙借鉴历法的推演方法来核准地理的远近，做到无有丝毫的差错。这种一丝不苟的精神是很难得的，为当世乃至后世都树立了学习的典范。它启示人们：无论做什么事情，都应当本着一丝不苟的精神。尤其是他所提出的"既知创业之艰难，当虑守成之不易"的观点，可谓经验之谈。我们当今何尝不是如此！老一辈革命家历尽千辛万苦为我们打下了江山，作为守成者，我们这一代应当发挥老一辈的优良传统，将老一辈创下的基业一直传承下去。只有这样，我们才无愧于老一辈对我们的期望，无愧于后代子孙。

宫中太监　不得干政

训曰：太监原为宫中使令①，以备洒扫而已，断不可使其干预外事②。朕宫中之太监，总不令在外行走。有告假者，日中出去，晚必进内。即朕御前近侍之太监等，不过左右使令，家常闲谈笑语，从不与言国家之政事也。

【注释】

①使令：差遣，使唤。

②外事：朝廷政事。

【译文】

训言说：太监原本是宫中的使唤之人，只不过让他们从事打扫卫生之类的杂役罢了，千万不能让他们干预外事。我宫中的太监，一直不让他们在外边私自活动。即使他们有事必须请假外出，也必须按规定中午出去，晚上回到宫中。即便是我身边那些近侍的太监，也不过让他们跟随在我的左右，以供需要的时候使唤，能和他们说的，也不过是拉拉家常，谈谈笑话，从来不和他们谈论国家的政事。

【解读】

自古以来，宦官干政是国家危亡的重要因素之一。秦二世任用赵高，不可一世的大秦帝国很快土崩瓦解；东汉宦官专权，直接导致了汉朝的灭亡；唐代宦官逼宫弑帝；等等，都是宦官干政所导致的恶果。因而，欧阳修一针见血地指出："自古宦者乱人之国，其源深于女祸。"康熙熟谙历史，深知宦官干政的危害。因此，他严禁宦官干预政事，为后来的清代皇帝带了个好头。纵观整个清代，很少有宦官把持朝政的现象，可以说这与康熙教育子孙对宦官严加管制是分不开的。如今，宦官作为一种特殊的职业已经不复存在，从根本上杜绝了宦官干政的可能，这不能不说是历史的进步。

残疾之人　不可取笑

训曰：大凡残疾之人，不可取笑。即如跌蹼[①]之人，亦不可哂[②]。盖残疾之人，见之宜生怜悯。或有无知之辈，见残疾者每取笑之，其人非自招斯疾，即招及子孙。即如哂人跌蹼，不旋踵[③]间或即失足[④]。是故我朝先辈老人常言："勿轻取笑于人，取笑必然自招。"正谓此也。

【注释】

①跌蹼：摔倒、跌倒、也喻指挫折和灾难。

②哂（shěn）：讥笑。

③旋踵：转动脚跟，形容时间短促。

④失足：失脚，因走路不小心而跌倒。

【译文】

训言说：对于那些残疾之人，是不可取笑的。就像对于失足跌倒的人，也不可以讥笑他们。对于残疾的人，看到他们就应当产生怜悯之心。有一些无知的人，看到残疾人往往取笑他们，这样的人，即便是他自己不招致这种疾病，也会祸及子孙后代。就像笑话别人跌跤，自己转瞬之间也可能摔倒。因此我朝的一些先辈老人常说："不要轻易地拿别人取笑，取笑别人必然会给自己招来损害。”所讲的正是这个道理。

【解读】

取笑他人是一种不礼貌的行为。尤其是那些残疾之人，他们是生活中的弱者，是需要帮助的群体，对他们应当予以理解和同情，尊重他们的人格，而不应当进行嘲笑。人的身体是父母给的，谁都无法选择自己应当有一个什么样的身体，或丑或俊，或完美或残缺，都由不得自己。即便是先天无缺陷，后天生活中也难免会因遭遇种种不测而落下终身的残疾。诸如突遇灾祸和疾病等，都有可能致人残疾。所以，康熙教育子弟不要嘲笑残疾人不仅是对残疾人的同情，而且也是提醒人们，嘲笑他人的人必然使自己招祸上身。实际上，残疾人中也有好多自强不息、功成名就者，他们所取得的成就就连我们身体健全的人也自叹不如。像古代的左丘明、孙膑、司马迁，现代的保尔·柯察金、张海迪等人，身残志坚，克服了常人所不能克服的困难，忍受了许多常人不能忍受的痛苦，做出了常人所不能及的成就。他们的伟大，远远高于正常的人。对于这些人，非但不能嘲笑，而且应当更加敬重，把他们作为我们学习的楷模。

为将之道　身先士卒

训曰：兵书云：“为将之道，当身先士卒。”前者噶尔丹以追喀尔喀为名，阑入①边界。朕计安藩服，亲统六师，由中路进兵。逐日侵晨起行，日中驻营。又虑大兵远讨，粮米为要，传令诸营将士每日一餐，朕亦每日进膳一次。未驻营时，必先令人详审水草。或有乏水处，则凿井开泉，蓄积澄流，务使人马给足。竟有原无水处，忽尔清泉流出，导之可致数里，人马资用不竭。一近克鲁伦河，即身率侍卫前锋，直捣其巢，大兵随后依次而进。噶尔丹闻朕亲统大兵忽自天临，魂胆俱丧，即行逃窜。恰遇西师于昭木多②，一战而大破之。此皆由朕上得天心，出师有名，故尔新泉涌出，山川灵应，以致数十万士卒、车马各各安全，三月之间，振旅凯旋，而成兹大功也。

【注释】

①阑入：无凭证而擅自进入。

②昭木多：即昭莫多，位于今蒙古国乌兰巴托南宗英德。清康熙亲征噶尔丹时，清军在此与准噶尔部激战，一举打败噶尔丹。

【译文】

训言说：兵书上说："要成为一个出色的将领，就应当以身作则，事事都要走在士兵的前面。"以前噶尔丹以追赶喀尔喀部势力为名，擅自闯入我大清的边界。当时，我决计安定北方边境的各个藩属地区，于是亲自率领六路大军，从中路进兵。每天都是天刚亮时就出发，直到中午才安营扎寨进行歇息。又考虑到大军远路征讨，粮米的供应是至关重要的。因此我传下命令，让各营的军官和士兵每人每天只吃一顿饭，而且我自己也每天只进一次膳。还未扎营之时，我一定事先令人详细检查扎营之地是否水草丰足。有时候遇到缺乏水源的地方，就让士兵自己动手挖井开泉，以蓄积澄清的水流，务必使人马的供给充足。竟然也有本来就没有水的地方，忽然之间清泉涌出，于是开沟导流，使其可以流到数里之外，从而使人马饮用的水源源不竭。刚进克鲁伦河，我就亲自率领侍卫和先锋部队，直接摧毁敌人的老巢，而各路大军则有秩序地随后跟进。噶尔丹听说我亲自率领大军忽然从天而降，吓得魂飞胆裂，立即向别处逃窜。恰巧与我西路大军在昭莫多相遇，经过一场战斗便大破敌军。这都是因为我秉承上天的旨意，出师有名，因此才会有新泉涌出、山川显灵等现象的发生，以至于我几十万大军和车辆、马匹等军用物资都安然无恙。仅用了三个月的时间，就休整军队凯旋，从而成就了这盖世之功。

【解读】

孔子云："其身正，不令而行；其身不正，虽令不行。"作为一个出色的将领，应当身先士卒，以自己的行动带动士兵，而不是仅仅靠发施号令指挥士兵。康熙在亲征噶尔丹的行军途中，与将士们同甘苦、共患难。为了节省粮食，他要求将士们每天只吃一顿饭，首先自己带头只进一次膳。康熙这种做法值得后人学习。尤其是身为领导的人，不能动辄就吩咐手下如何按自己的指令去做，在必要的时候还应当以实际行动带头去做。

兵禁安逸　教之以劳

训曰：兵丁不可令习[①]安逸，惟当教之以劳，时常训练，使步伐严明，部伍[②]熟习，管子所谓“昼则目相视而相识，夜则声相闻而不乖”也。如是，则战胜攻取，有勇知方。故劳之适所以爱之。教之以劳，真乃爱兵之道也。不但将兵如是，教民亦然。故《国语》曰：“夫民劳则思，思则善心生；逸则淫，淫则忘善，忘善则恶心生。沃土之民不材，淫也；瘠土之民莫不向义，劳也。”

【注释】

①习：本义指小鸟反复地试飞，这里指习性、习惯。

②部伍：军队的编制单位；部曲行伍。泛指军队。

【译文】

训言说：不可以让士兵习惯于安逸的生活，唯有教他们学会勤劳，经常加以训练，以使他们军容整齐，纪律严明。军中的将士之间应当互相熟悉，这就是管子所说的“白天彼此见面而互相认识，夜晚听声音而不会错认人”。如果能够做到这样，就会战无不胜，攻无不取，兵士勇敢而知道军法。所以，让士兵们辛劳正是爱护他们。教育他们辛劳，才是真正的爱兵之道。不但统领军队是这样，教化普通的老百姓也应当这样。所以，《国语》说：“百姓勤劳辛苦，就会对问题有所思虑，善于思虑的人容易产生善心。如果老百姓只贪图安逸的生活，就会放纵自己，一旦放纵自己，就会忘记本然之善，忘掉了本然之善，从而恶心也就产生了。在肥沃的土地上生活的民众大多不成材，这是因为在安逸的生活中放纵了自己的缘故。在贫瘠的土地上生活的百姓大多仰慕道义，这都是因为他们辛勤劳苦啊！”

【解读】

欧阳修说：“忧劳可以兴国，逸豫可以亡身，自然之理也。”无论是振兴国家，还是支撑一个家，都离不开勤劳二字。不仅训教士兵是这样，教化百

姓也是这样。勤劳，是人们安身立命的根本，也是弃恶从善的保证。对于今天的人来说，勤劳能够为人们换来生活的保障，能够使人们摆脱贫困，走上小康生活。因而，是否勤劳对于提高人们的生活质量具有决定性的意义。

使令小人　宽严相济

训曰：为人上者使令小人，固不可过于严厉，而亦不可过于宽纵。如小过误，可以宽者，即宽宥[①]之；罪之不可宽者，彼时即惩责训导之，不可记恨。若当下不惩责，时常琐屑蹂践[②]，则小人恐惧，无益事也。此亦使人之要，汝等留心记之！

训曰：孔子云："惟女子与小人为难养也！近之则不孙[③]，远之则怨。"此言极是。朕恒见宫院内贱辈，因稍有勤劳，些须施恩，伊必狂妄放纵，生一事故，将前所行是处尽弃而后已。及远置之，伊又背地含怨。古圣何以知之而为是言耶？凡使人者，皆宜深省此言也！

训曰：尔等平日当时常拘管下人，莫令妄干外事，留心敬慎为善。断不可听信下贱小人之语。彼小人遇便宜处，但顾利己，不恤[④]恶名归于尔等也，一时不谨[⑤]可乎？

【注释】

①宽宥：宽容，饶恕，原谅。

②蹂践：踩踏，践踏。

③孙：同"逊"，恭顺，谦逊之意。

④不恤：不顾及，不考虑，不顾惜。

⑤谨：小心，谨慎。

【译文】

训言说：身为人上的人，在使唤下人的时候，固然不可以过于严厉，但也不要过于宽容和放纵。如果下人仅仅是犯有小过失，可以宽恕就宽恕。如果犯有不可饶恕的罪过，当时就应当对其进行严惩，并教育和引导，而不能记恨。如果当时不对下人进行苛责和严惩，事后再用一些繁杂琐碎的事情来蹂躏、折磨他们，那么就会使下人感到恐惧和害怕，于事态的发展没有任何好处。这也是管教下人的要领，你们要用心记住它。

训言说：孔子说："唯有女人和那些地位低贱的小人难以教养。与他们过于亲近，他们就会态度不恭顺，而疏远他们，他们又会怀恨在心。"这话说得很对。我常常看到官院里面的一些下人，因为表现得稍有勤劳，而得到主子的一些恩惠，他们就变得狂妄放纵而肆无忌惮起来，从而生出一些事故，将以前做好事给人留下的好印象全部抛弃干净才肯罢休。等到疏远他们，他们又背地里埋怨。古圣先贤们是怎么知道这些情况而总结出这样的名言呢？凡是使唤下人的人，都应当对孔子所说的这些话深深反省。

训言说：你们平时应当经常管教下人，不要让他们随便干预外面的事情，多注意恭敬谨慎为好。千万不要听信那些低贱的小人言语。那些小人一遇到对自己有好处的地方，便会只顾自己的利益，丝毫不顾及把恶名转归到你们的头上。你们一时稍有不谨慎，这怎么行呢？

【解读】

如何拘管下人，也是一门高深的学问。诚如康熙所说，过分严厉，他们就会怀恨在心，而对他们过于宽容，他们又会到处惹是生非，有的甚至以奴欺主，而最终却要主人替他们承担恶名。所以，对于下人既不能过于严厉，也不能过分纵容。我们当今虽然不像古人那样使奴唤婢，但有时候也免不了要雇佣一些人帮助打理生活，比如保姆、钟点工等，也需要和他们搞好关系，需要对他们既有所约束，又不能过于苛严。该管制的管制，该容让的容让。做到恩威并用，才能够使被雇佣的人在尽心尽力工作的同时，对主人发自内心地敬服。

生活禁忌

训曰：今外边之无赖小人及太监等，惯詈骂人，且动辄发誓，亦如骂人之语，皆出自口。我等为人上者，断乎不可。或使令之辈有过，小则责之，大则扑之，詈骂之亦奚为？污秽之言，轻出自口，所损大矣。尔等切记之！

喜庆之辰　言语吉祥

训曰：元旦乃履端[①]令节，生日为载诞昌期，皆系喜庆之辰，宜心平气和，言语吉祥。所以，朕于此等日，必欣悦以酬令节。

【注释】

①履端：年历的推算始于正月朔日（初一），称为“履端”。

【译文】

训言说：元旦是标志一年开始的佳节，生日是纪念人之诞生的美好时期，这些都是欢喜吉庆的时辰，应当心平气和，言语吉祥。所以，我在这些日子里，一定欢喜欣悦，以酬报佳节。

【解读】

每逢节日，人们总是会说一些吉利的话语，这是自古以来就有的习惯。节日所说的吉祥话，不同于平日里人们交往所说的阿谀奉承之词，而是为了增添节日的喜庆、活跃气氛，同时也包含了人们对美好生活的追求和向往。如今，人们在节日里仍然互相问候、祝福，不仅使自己心情愉悦，让别人听着舒服，而且也拉近了与人之间的关系。

终生所戒　须当谨记

训曰：孔子云：“君子有三戒[①]：少之时血气未定，戒之在色；及其壮也，血气方刚[②]，戒之在斗；及其老也，血气既衰，戒之在得。”朕今年高，戒色、戒斗之时已过，惟或贪得，是所当戒。朕为人君，何所用而不得，何所取而不能，尚有贪得之理乎？万一有此等处，亦当以圣人之言为戒。尔等有血气方刚者，亦有血气未定者，当以圣人所戒之语，各存诸心而深以为戒也。

【注释】

①戒：戒律，警戒之事。

②血气方刚：形容年轻人精力旺盛。血气，精力；方，正；刚，刚劲有力。

【译文】

训言说：孔子说："君子有三条戒律：年轻的时候血气还没有稳定，所戒的在于好色；等到了壮年，精力旺盛，所戒的在于好斗；等到了老年，血气逐渐衰退，所戒的在于贪得。"我如今年事已高，戒色、戒斗的时期早已过去，只是有时难免贪得，还是应当有所戒的。我作为统治一国之民的万乘之君，有什么需用的东西得不到，有什么想取得的不能取，还有贪得的道理吗？万一有所贪的地方，也应当把圣人的言语作为警戒。你们之中既有血气方刚的，也有血气未定的，都应当把圣人所告诫的言语牢记在心，并且深深地引以为戒。

【解读】

圣人的言语，都是发人深省的经典之言。康熙告诫子孙把圣人的言语牢记在心，并深以为戒。由此可以看出他对于以儒家为代表的传统文化的重视。作为一代英明睿智的帝王，康熙尚能够以圣人言语为戒律，我们一般人更应当尊圣人言语而行事。荀子云："不登高山，不知天之高也；不临深溪，不知地之厚也；不闻先王之遗言，不知学问之大也。"古圣先贤的言语，是我们开启智慧之门的金钥匙。"戒色"、"戒斗"、"戒贪"六字，形象地概括了让人安身立命的三条戒律。当今有些人之所以一步步走上犯罪的道路，大多数都是没有好好遵守"戒色"、"戒斗"、"戒贪"这三条戒律。所以，我们不仅要深以为戒，还要把它们作为教育子孙后代的根本传承下去，以期我们的子孙从中受益。

凡忌讳处　必当忌之

训曰：汝等皆系皇子、王、阿哥，富贵之人，当思各自保重身体。诸凡宜忌之处，必当忌之；凡秽恶[①]之处，勿得身临。譬如出外所经行之地，倘遇不祥不洁之物，即当遮掩躲避。古人云："千金之子，坐不垂堂[②]。"况于尔等身为皇子者乎！

【注释】

①秽恶：污秽，邪恶。

②千金之子，坐不垂堂：意为富贵人家子弟，为避免被屋顶上掉落的瓦片砸伤，不坐在屋檐下。语出《史记·司马相如列传》。

【译文】

训言说：你们这些人都属于皇子、王爷、阿哥之类的富贵之人，应当考虑如何保护好各自的身体。凡是需要禁忌的地方，一定要有所禁忌，凡是秽恶的地方千万不要去。譬如外出时所经过的地方，倘若遇到不吉祥或者不干净的东西，就应当遮掩或者躲避。古人说：富贵人家的孩子，不坐在堂屋屋檐之下。何况你们这些身为皇子的人呢！

【解读】

在人们的生活中，常常会有很多禁忌。这不仅是因为生活习俗相沿而形成约定俗成的习惯，也是保护自身的需要。禁忌不一定是迷信，而是人们在长期生活中积累的趋利避害的经验，以及不合礼仪规范的生活习惯。虽然禁忌有时不免有糟粕的成分，但更多的时候对人们的生活还是有一些有益的作用的。因而，对于生活中的诸多禁忌，我们既不能一味地照搬照学，也不能一味地予以排斥。应当根据实际的生活情况，区别对待。

忌讳之事　同于古典

训曰：旧满洲忌讳[①]之事，皆如古典。即如遇一忌讳之事，有年高者，则子弟为年高者忌讳；子孙众多，年高者亦为子孙忌讳。是皆彼此爱敬之意。汝等知此，必遵而行之。

【注释】

①忌讳：因风俗习惯或者迷信，禁忌一些不吉利的语言和事情。

【译文】

训言说：旧满洲所忌讳的事，基本上都合乎古代的典章制度。就好比遇到一件本该忌讳的事情，有些年龄比较大的人，那么子弟就会为年龄大的人忌讳；如果子孙众多，年龄大的人也会为子孙忌讳。这都是彼此之间互相爱护尊敬的意思。你们如果知道这个道理，就一定要遵照执行。

【解读】

每个民族都会有所忌讳，满族也不例外。满洲的忌讳能够与古代的典章制度相和，这并非偶然的巧合，而是由于满族的风俗文化和华夏民族一样，都是承源于古代的典章制度，因而与古典相合不足为奇。我们当今也是这样，虽然现在的生活习惯与风俗由于受西方的影响较之古代发生了很大的变化，但因为和古代有着很深的渊源，仍旧保留了古代的一些生活习惯，包括古代的一些忌讳，也被延续下来。诸如过节的时候不说不吉利的话、身体有病时忌讳吃某一种食物、和人座谈时不跷二郎腿等，都是人们约定俗成而相沿已久，是人们长期以来对生活的经验总结。如今，诸多忌讳仍然深深影响着人们的生活。

冠帽鞋袜　不可同放

训曰：冠帽乃元服[①]最尊，今或有下贱无知之人，将冠帽置之靴袜一处，最不合礼。满洲从来旧规亦最忌此。

【注释】

①元服：指冠。也称“首服”或“头衣”，即头上的冠戴服饰。古代把标志男子成年的戴冠仪式称为“冠礼”或“加元服”。

【译文】

训言说：帽子是首服中最为尊贵的，而今却有一些下贱无知的人，将帽子和鞋袜放在一起，这是最不合礼仪的。满洲自古以来的旧规，也最忌讳这一点。

【解读】

自古而今，人们收放衣服是有讲究的。尤其是冠帽和鞋袜，绝对不能放在一起。这不仅是鞋袜脏的缘故，也是因为诸多忌讳。因为人们历来都比较重视首服，而把帽子当成首服中最为尊贵的。在古代，冠为首上之服。《礼记》云：“冠者，礼之始也。”重视冠帽，实际上是重视礼仪的象征。忌讳冠帽与鞋袜同放，也是出于对冠帽的尊重之意。我们当今也是如此，不仅冠帽与鞋袜不能同放，外衣与内衣也需分放。只是我们不再像古代那样遵从礼仪，而是为了讲究卫生的需要。

大雨雷霆　毋立树下

训曰：大雨雷霆[1]之际，决毋[2]立于大树下。昔老年人时时告诫，朕亲眼常见，汝等记之。

【注释】

①雷霆：霹雳，暴雷。

②毋：不要。

【译文】

训言说：天下大雨、雷电交加的时候，千万不要站在大树底下。过去，老年人时常告诫于人，我也常亲眼看见有人站在大树之下被雷电击中的情况，你们一定要记住这些。

【解读】

大雨雷电之时不能站在大树下面，以免被雷电击中，这是最起码的生活常识，可往往有人忽略了或者不知道这一点，下雨之时到大树底下避雨，从而酿成意想不到的悲剧。康熙不仅教育子孙懂得治国的道理，连生活知识都细致入微，对子孙可谓关怀备至。从这方面来看，他不仅是一个好皇帝，也是一个好父亲、好祖父。这一点教育人们：父母关心与呵护子女，望子成龙与望女成凤固然重要，但更重要的是子女的人身安全与健康成长。所以，作为父母，首先要教育子女增强人身安全意识，哪怕是淋雨之类极为平常的小事，也不要麻痹大意。

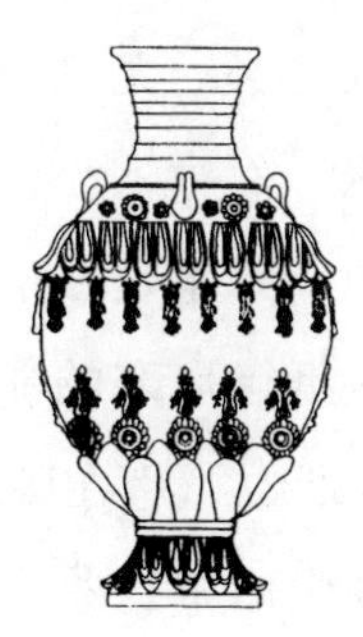

儿童玩耍　勿坐廊下

训曰：春夏之时，孩童戏耍，在院中无妨，毋使坐在廊下，此老年人常言之也。

【译文】

训言说：在春夏之交的时候，小孩子们嬉戏玩耍，在院子里还没有什么妨碍，但不要让他们坐在走廊的下面，这是老年人经常提醒我们的。

含饴弄孙（清·焦秉贞《历朝贤后故事图》）

【解读】

古谚说："千金之子，坐不垂堂。"屋檐之下，往往会发生意想不到的危险，诸如因风大而吹落房瓦伤人之类。尤其是春夏之交，气候逐渐变暖，冷热交替，往往造成空气的强对流。而廊下往往是空气对流的强风口，也是因风雨而容易落下东西的危险之地。儿童坐在下面，意想不到的事情随时可能发生。即便是不发生危险，儿童抵御风寒的能力弱，坐在廊下极容易感受风寒或者风热，引起呼吸道疾病。所以，坐在廊下反而不如在院子里玩耍安全。康熙身为一国之君，尚能关注到生活中这些常常被人忽略的细节，真可谓心细如发。这些生活常识，对于今天的我们来说，仍然非常有用。比如说刮大风的时候，千万不要站在高楼或广告牌底下，防止被掉落的窗户玻璃、广告牌等物品砸伤。“祸患常积于忽微”，因而，我们时刻要有安全防范意识，以保证人身不受侵害。

行止坐卧　不可回顾

训曰：凡人行住坐卧，不可回顾斜视。《论语》曰：“车中不内顾。”《礼》曰：“目容端。”所谓内顾，即回顾也。不端，即斜视也。此等处不但关于德容，亦且有犯忌讳。我朝先辈老人亦以行走回顾之人为大忌讳，时常言之，以为戒也。

【译文】

训言说：一个人无论是行走坐卧，都不能左顾右盼和斜视。《论语》说：“坐在车中不要在里边回头看。”《礼记》也说：“目光、容止要端正。”所谓内顾，就是回头观看。所谓不端，就是斜视。在这些地方，不仅关系到一个人的德行和容止，而且还会触犯到一些忌讳。我朝的一些前辈老人也认为人在走路的时候回头张望是犯了大忌讳，因此经常说到这些，提醒我们引以为戒。

【解读】

仪态举止是否端正，不仅代表着一个人的修养和德行，而且也是给外人留下好印象的依据。左顾右盼和斜视虽然不是什么大毛病和缺点，却是端正仪表的大忌。因为它不仅有损一个人自身的形象，也是对他人不尊重的表现。因此，古人要求“坐如钟，站如松，行如风”等举止规范是有道理的。我们今天也是这样，一个人的仪态举止是否符合礼仪规范的要求，取决于其平日里长期养成的生活习惯。因而，要时时对自己的言行举止进行约束，该站的时候站，该坐的时候坐，心无旁骛，目不斜视。久而久之，自身的修养和德行就会有所提高。

出外行营　居处为要

训曰：出外行走，驻营之处最为紧要。若夏秋间，雨水可虑，必觅高原，凡近河湾及洼下之地，断不可住。冬春则火荒可虑，但觅草稀背风处；若不得已而遇草深之地，必于营外周围将草刈除[1]，然后可住。再有，人先曾止宿之旧基不可住，或我去时立营之处，回途至此，亦不可再住。如是之类，我朝旧例，皆为大忌。

【注释】

①刈（yì）除：割掉。

【译文】

训言说：出外行走，驻扎的营地至关重要。如果是在夏秋之际，要考虑雨水的问题，一定要寻找高原地带，凡是靠近河湾以及地势低洼的地方，千万不能居住。冬春时节，令人防不胜防的是火灾问题，只可寻找草木稀少的背风之处；如果必须在荒草丛深的地方宿营，一定要将营外周围的杂草割除干净，然后才能居住。还有，别人先前曾经居住过的旧基不能居住，或者我们自己去的时候曾经安营扎寨的地方，回来时也不可以再居住。像此类的问题，按照我朝的惯例，都是野外宿营的大忌。

【解读】

旅行在外，应以安全为主。就地扎营，要做到夏秋防雨，冬春防火。只有严加防范，才能避免灾难的发生。地形是兵家制胜的重要因素之一，自古以来，兵家都很重视地势的安全问题。《孙子兵法》云：“夫地形者，兵之助也。料敌制胜，计险厄远近，上将之道也。”在当今，地形因素不仅在军事战争中发挥着重要的作用，在一般的经济文化活动中如旅游业中，地形与旅行安全也是密切相关的。康熙所提及的有关旅居在外所应注意的问题，仍值得我们效法和借鉴。

疲惫汗马　不可饮水

训曰：走远路之人，行数十里，马既出汗，断不可饮之水。秋季犹可，春时虽无汗，亦不可令饮；若饮之，其马必得残疾。汝等切记！

【译文】

训言说：走远路的人，行走几十里，马就会出汗，这时候千万不要让它喝水。如果是秋季还可以，春季即便是马没有汗，也不可以让它饮水；如果让马饮水的话，那么马一定会得残疾。你们一定要牢记。

【解读】

康熙关于养马知识的言论，是对自古以来养马经验的总结。汗马不能饮水，尤其是春天更不能饮。而这点，往往是骑马或者养马的人容易忽略的。这一训言意在提醒人们：往往一个小小的疏忽，就会造成很大的过失和遗憾。伯乐知马，才能将马养得身健体壮、才能尽现。因而，养马的人应该懂得马的习性，懂得季节对马的影响，合理安排马的饮食。养马如此，人们养生也是如此。因天热或劳累而大汗淋漓之时，不要贪图一时的舒适而饮用冰镇饮料和冰镇的水，否则，对身体有害无益。

洁癖太过　反为身累

训曰：为人上者居处宫室虽贵洁净，然亦不可太过成癖[1]。尝见有人过于好洁，其所居之室，一日扫除数次，家下人着履[2]者皆不许入，衣服少有沾污，即弃而不用，亲属所馈[3]饮食俱不肯尝。此等人谓之犯“洁癖”。久之反为身累。盖其性情识见鄙隘[4]已甚，实非正心修身之大道，特语尔等知之。

【注释】

①癖：癖好，嗜好。因长期的习惯而形成的对某种事物的偏好。

②履：鞋子。

③馈：馈赠，赠送。

④鄙隘：浅陋狭隘。

【译文】

训言说：居于上位的人，所居的宫室虽然以整洁干净为贵，但也不宜过分干净。我曾经见过有的人过于爱干净，他所居住的卧室每天要打扫数次，不让家里人穿着鞋子进入，平时所穿的衣服稍微有点脏了，就丢弃不再穿，亲戚们馈赠的饮食统统不吃。这样的人就叫犯了“洁癖”。长此以往，反而会为自身所累。大概是因为这类人的性情识见浅陋狭隘得很，实在不是修正身心的至道，因此特地告诉你们，以使你们对此有所了解。

【解读】

孔子曾经说过，“过犹不及”，就是要求人们无论做什么事都不要太过。爱好整洁干净，保持良好的生活习惯是应该的，但是无论什么都有一个度，洁癖太过也会适得其反，不利于人的身心健康。这样的人不是性情孤僻，就是心理有问题。在我们现实生活中，也不乏这样的人：别人坐过的凳子他总是要擦了又擦再去坐，自己穿的衣服总认为没洗干净，吃的食物总是不放心等等。结果在与人交往中不但让别人感觉很累，自己也会不舒服。因而，在与人交往或者独处的过程中，需要克服这种“洁癖”的习惯，一切以顺适为宜。

山水初发　忌饮河水

训曰：我等时居塞外[①]，常饮河水，然平时不妨，但夏日山水初发，深当戒慎[②]。此时饮之，易生疾病。必得大雨一二次后，山中诸物尽被涤荡[③]，然后洁清可饮。

【注释】

①塞外：古代指长城以北的地区，也称塞北。包括内蒙古、甘肃、宁夏、河北长城以北等地。

②戒慎：警惕谨慎。

③涤荡：冲洗，清除。

【译文】

训言说：我们有时在塞外居住，经常饮用河水，这在平时没有什么大碍，但在夏天山水刚刚爆发的时候，应当特别小心谨慎。如果这时候饮用河水，就很容易产生疾病。一定要等到下过一两场雨之后，山上各种脏乱的东西都被冲刷干净，等河水变得清洁了，才可以饮用。

【解读】

水是人类赖以维持生命的最宝贵的资源，没有水，人类就无法生存。所以，不仅要保证水源的充足，还要保证水的洁净。尤其是那些依靠山水、河水或者其他水源，乃至依靠蓄积天然雨水生活的人们，更应当注重水的清洁。在工业化高速发展的今天，许多地区的水源受到了不同程度的污染。因此，康熙关于饮水的言论更具有现实的指导意义。朱熹曾言："问渠哪得清如许，为有源头活水来。"要想水清洁，使死水变活不失为一个好的方法。古语说得好："流水不腐，户枢不蠹。"流动的水不会腐败变质，只有水清洁了，不被污染，才会有益于人们的身体健康。

污秽之言　切勿出口

训曰：今外边之无赖小人及太监等，惯詈骂[①]人，且动辄[②]发誓，亦如骂人之语，皆出自口。我等为人上者，断乎不可。或使令之辈有过，小则责之，大则扑[③]之，詈骂之亦奚为[④]？污秽之言，轻出自口，所损大矣。尔等切记之！

训曰：凡大人度量生成与小人之心志迥异。有等小人，满口恶言，讲论大人，或者背面毁谤[⑤]，日后必遭罪谴[⑥]。朕所见最多。可见天道虽隐，而其应实不爽[⑦]也。

【注释】

①詈（lì）骂：本义是从旁编造对方的缺点或罪状责骂，多用来指用恶语侮辱人。

②动辄：动不动就。

③扑：打。指从肉体上惩罚。

④奚为：有何用，有什么用。

⑤毁谤：以言语相攻击或嘲讽丑化，将不好的事夸大化，故意捏造事实。

⑥罪谴：因犯罪而受到谴责、罪责。

⑦不爽：不差，没有差错。

【译文】

训言说：现在外边一些无赖的小人以及宫内的太监等，总是习惯于张口骂人，并且动不动就赌咒发誓，然而，那些所谓的誓言，也和骂人的粗话脏话一样，都是出自他们的口。我们这些上等之人，决不能像他们那样随意张口骂人。下边的人有什么过错，轻者就责备他们一番，重的可以体罚他们，粗言脏语骂他们有何用呢？轻易口吐下流的言语，所造成的损失可就大了。你们千万要牢记啊！

训言说：凡是德行高尚的人，其胸襟和胆识生来就与见识短浅的人差别

很大。有一些见识浅薄的人，常常是满口恶毒的语言，对道德高尚者不负责任地胡乱议论，或者背后进行恶意攻击和诽谤，这些人将来一定会遭到谴责和惩罚的。这种人我见得最多了。可见，天道虽然深隐不露，但对于善恶的报应确实是一毫不差的。

【解读】

古人云："君子交绝不出恶声。"一个人的言语谈吐反映了他的内在素质与涵养，那些动辄就骂人、发誓的人，往往是道德修养水平不高的人。所以，要想成为一个德行高尚的人，就应该时刻注意自己的言语谈吐，不要随意口出恶言，随意攻击和毁谤他人。俗话说得好，良言一句三冬暖，恶语伤人六月寒。粗言恶语是最容易伤人的，它既不利于人与人之间的和睦相处，还有可能导致意想不到的恶果。在今天，言语谈吐仍然是我们衡量一个人道德水准的标志。这就要求我们平日多注意自己的言行，以免给人留下不好的印象。

好而知恶　恶而知美

训曰：世上人心不一。有一种人不记人之善，专记人之恶，视人有丑恶事，转以为快乐，如自得奇物者。然此等幸灾乐祸[①]之人，不知其心之何以生而怪异如是也。汝等当以此为戒！

训曰：人于好恶之心，难得其正。我所喜之人，惟见其善，而不见其恶；若所恶之人，惟见其恶，而不见其善。是故《大学》有云："好而知其恶，恶而知其美者，天下鲜[②]矣。"诚至言也。

【注释】

①幸灾乐祸：指人缺乏善意和同情之心，在别人遇到灾祸时反而感到高兴。

②鲜：少，不多见。

【译文】

训言说：世上的人心良莠不齐。有一种人，从来不记得别人的好处，专门记别人不好的方面，看到别人的丑恶事，非但不感到厌恶，反而把它当成自己快乐的催化剂，就像自己得到了一件宝贵的奇物一样。然而，像这样幸灾乐祸的人，不知道他的心是怎样产生的，而且怪异成这样。你们这些人一定要把它作为一种警戒。

训言说：一个人对于好坏，很难做到客观公正。往往对于自己所喜欢的人，只看到他好的方面，而看不到他不好的方面；如果是对自己所厌恶的人，只看到他不好的方面，而看不到他好的方面。因此《大学》中说："喜欢一个人而能够了解他的缺点，厌恶一个人也能够知道他的优点，像这样的人天下太少了。"这的确是高明的言论。

【解读】

与人交往，应当胸怀坦荡。人好，应不忘人好；人恶，应指出人恶。不能因为自己的喜好而善恶不分、厚此薄彼，更不能怂恿作恶之人为非作歹。为人应有一颗公平持正之心，不因自己的好恶而好恶。"祁奚荐贤"，既不避其仇，也不避其亲，这才是真正地公平持正。康熙"人于好恶之心，难得其正"的训导，足以警醒后世之人。反观我们当今一些人，常常根据自己的好恶而对人有所亲疏，从而形成一个疏密不同的关系网。这种因好恶而组成关系的方法，实在是有违古人以公平持正之心待人接物的处世之道。因此，要想抵触不正之风，首先应从培养自己的公平持正之心开始。

令人扶掖　观之可厌

训曰：满洲人最忌令人扶掖[①]，是故朕至如是之年，尚且不令人扶掖，不持拄杖。起坐[②]时，人但少助而已，一立即不用扶矣；闲坐亦不凭倚。今之少年反令人扶掖，两手挽臂，观之甚是可厌。既无病，又无故，如此举动，诚为怪异，亦特无福之态耳。又一等人，年纪不相称，即用拄杖，复何心哉？此等处，朕实不解，尔等仍当以我朝前辈所忌讳处戒之可也。

【注释】

①扶掖：搀扶，扶助。

②起坐：起身；起立与坐下。这里应指从座位上起身。

【译文】

训言说：满洲人最忌讳让别人搀扶着走路，因此我即使到了如此老迈的年龄，尚且不让人扶我一把，不拄拐杖。从座位上站起来的时候，别人只是稍微帮一下忙就可以了，只要站起来就不用人搀扶了，闲坐的时候也不依靠什么东西。现在的年轻人反而让人搀扶，两手挽着胳膊，看到这种情况实在是让人心生厌恶。既没有生病，又没有理由，像这样的举动，实在怪异，也特别显出一副没有福气的姿态。还有一种人，和他的年纪不相称，年纪轻轻就拄着拐杖，这又是什么心态呢？这些方面，我实在不能理解，你们这些人仍应当把我朝先辈们所忌讳的戒掉就可以了。

老年康熙像

【解读】

对于老态龙钟和行动不便的人来说，让人搀扶或者手拄拐杖不足为怪；而对于身体灵便、年轻力壮的人来说，让人搀扶就不太像话。所以，一般人都不让人搀扶，即便是让人搀扶、拄拐杖，也是在特殊情况下或者不得已的时候，否则就是故作姿态。像康熙所说的那种“少年令人扶掖”的现象，在当今也是令人生厌的。

严禁赌博　犯者治罪

训曰：凡人处世，有政事者，政事为务；有家计者，家计为务；有经营者，经营为务；有农业者，农业为务；而读书者，读书为务；即无事务者，亦当以一艺一业而消遣[①]岁月。奈何好赌博之人，身家不计，性命不顾，愚痴如是之甚？假赌博之名，以攘[②]人财，与盗无异。利人之失，以为己得。始而贪人所有，陷入坑阱[③]；既而吝惜情生，妄想复本，苦恋局内，囊罄产尽[④]，以致无食无居，荡家败业。虽密友至戚，一入赌场，顷刻反颜，一钱得失，怒詈旋兴，雅道俱伤，结怨结仇，莫此为甚！且好赌博者，名利两失。齿虽少，人即料其无成；家正殷，人决知其必败。沉溺不返，污下同群，骨肉轻贱，亲朋笑耻，种种败害，相因而起，果何乐何利而为之哉？朕是以严赌博之禁，凡有犯者，必加倍治罪，断不轻恕。

【注释】

①消遣：指用自己感兴趣的事情来打发空闲时间。

②攘（rǎng）：侵夺。

③坑阱：犹陷阱。用来比喻害人的圈套。

④囊罄产尽：指口袋中的钱财和家庭财产全部耗尽。囊罄，义同“罄囊”，竭尽囊中所有。

【译文】

训言说：人们生活在世上，有从事政事的，主要以政事为业；有主持家计的，以家庭生活为业；有搞经济经营的，以经营经济为业；有从事农业生产的，以农田耕作为业；而读书的人，主要以读书为业；即便是没有职业的人，也应当以自己感兴趣的某一种技艺、某一种工作来打发时间。为什么喜欢赌博的人，自己和家庭一概不考虑，甚至连性命也不顾及，愚痴到如此地步呢？他们往往借着赌博的名义，夺取他人的财物，和盗贼没有什么两样。利用别人的错失，作为自己的应得。刚开始只是贪图别人所拥有的

财物，掉进陷阱；不久因为输掉钱财而产生吝惜之情，妄图捞回自己的本钱，因而苦苦迷恋在赌局之中难以自拔，直到倾尽囊中所有，荡尽所有家产，以至于食难饱腹，居无定所，家破业败。即便是关系亲密的朋友和最亲近的亲戚，只要一进赌场，一下子就变了脸，常常因为一个钱的得失，怒骂随即而起，正道完全丧失，相互之间结下仇怨，没有比这更厉害的了。况且喜欢赌博的人，既失名又失利。年纪虽轻，人们就料定他成不了器；家庭殷实，人们也知道他一定会破败。而他也自甘堕落地沉溺于赌博场，迷途难返，与一些污浊下流之辈相与同群，以至于骨肉同胞对他不屑一顾，亲朋好友讥讽嘲笑，种种贻害也就会相继发生，到底有什么乐趣、有什么好处要去做它呢？因此我严令禁止赌博，凡是有违反禁令的人，一定要重加治罪，决不轻饶姑息。

【解读】

人生在世，应当从事一份正当的职业，或者致力于某一种技艺，而不应当迷恋于赌博。然而，赌博的陋习相沿已久，对人们生活的影响之大，往往超出人们的想象。康熙这段训言把赌博的性质、危害以及禁赌的缘由说得一清二楚，从而为沉迷于赌博的人敲响了警钟，让人深以为戒。赌博在我们当今社会仍然有不小的市场，尤其是那些偏僻落后的乡村，有不少人依旧迷恋于赌博。人们一旦染上这种恶习，就很难自拔。有的因此家财荡尽，有的因此妻离子散，甚至于因赌博铤而走险，不由自主地走上犯罪道路。因而，赌博仍是我们当今社会所面临的一大顽疾，要想根除必须依靠国家和社会的力量，依靠广大群众进行监督和自我监督。

旧瓷器皿　未必洁净

训曰：尝见有人讲论旧磁[①]器皿，以为古玩。然以理论，旧磁器皿俱系昔人所用，其陈设何处，俱不可知，看来未必洁净，非大贵人饮食所宜留用，不过置之案头，或列之书厨，以为一时之清赏[②]可矣。此亦富贵人家所当留心之一节，故语尔等知之。

【注释】

①磁：同“瓷”。

②清赏：幽雅的景致或清雅的玩物。

【译文】

训言说：曾经听见别人谈论旧瓷器皿，把它当成古玩。然而从道理上来说，那些旧瓷器皿都是前人所用过的，连它们所陈设的地方都不知道，可知未必洁净，不是大富大贵之人饮食所宜使用的。不过将它放在案头或者陈列在书橱，当一件赏心悦目的艺术品还是可以的。这也是富贵人家应当予以留心的，所以告诉你们知道。

清朝瓷器

【解读】

古玩器皿徒有精致华美的外表，却不一定都是洁净的器物，难以分清原来是做什么用的。所以，康熙认为旧瓷器皿作为艺术品收藏还可以，但作为饮食器具却不合适的观点是正确的。物的价值不在于贵重与否，而在于如何对人有用。旧瓷器皿应当充分利用它的收藏鉴赏价值，而不应当作为饮食的器具。我们当今也应这样，把古玩器皿作为文物

来收藏，作为艺术品来观赏，而作为饮食的器皿，还不如一般的器具用着放心。饮食器皿不一定要多么好，但必须洁净，才能保证饮食不被污染。

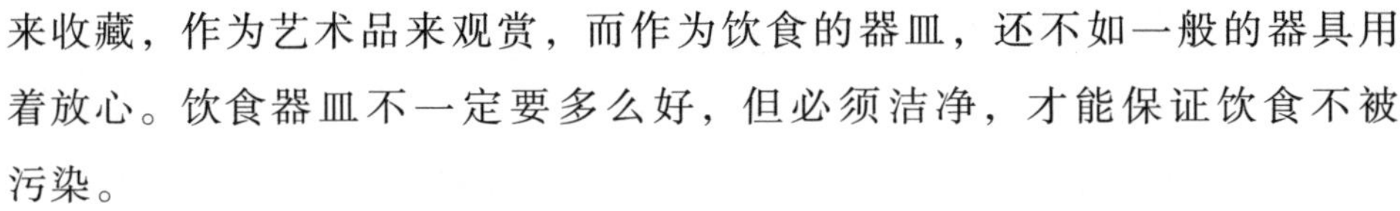

南北饮食　切勿效仿

训曰：朕南巡数次，看来大江以南水土甚软，人亦单薄①，诸凡饮食，视之鲜明奇异，然于人则无补益处。大江以北水土即好，人亦强壮，诸凡饮食亦皆于人有益。此天地间水土一定之理。今或有北方人饮食执意效南方，此断不可也。不惟各处水土不同，而人之肠胃亦异，勉强效之，渐至于软弱，于身有何益哉？

【注释】

①单薄：指身体瘦弱，不强壮。

【译文】

训言说：我曾经多次南巡，看上去大江以南的水土质地很软，人也显得单薄，各种食物，从外表上看新鲜明亮奇特，但对于人的身体而言却没有什么补益。相对而言大江以北的水土就好一些，因而人也强壮，各种食物也都对人的身体有所补益。这就是天地之间水土一定的道理。如今有一些北方人执意要效仿南方的饮食，这是绝对不行的。这不仅是各个地方的水土不同，而且人的肠胃也有所差别，如果勉强仿效的话，就会慢慢变得软弱，那么对于人的身体又有什么好处呢？

【解读】

饮食的好赖，不在于是不是珍馐美味，而在于对身体是否有益。南北水土的性质不同，从而造成人们的饮食习惯也有很大差别。比如：经常吃面食的人就很难坚持长时间吃米饭，而南方人也吃不惯北方少数民族地区的奶酪等。因而，北方人在饮食方面不要刻意效仿南方，应当根据当地的生活习惯以及自身的身体状况合理安排饮食。康熙所提出的根据南北差异、以自身的条件合理安排饮食的观点，对我们今天的人尤为适用。由于交通的发达，地处东西南北乃至国际间的人员交流越来越频繁，日常生活也难免会互相影响。因而，偶尔吃几次外地餐换一下口味还可以，但长期饮食还是应以本土的饮食习惯为主。否则，吃多了不合自己脾胃与饮食习惯的异地食物，从养生的角度来说，往往会适得其反。

戏人所惧　不可为之

训曰：凡人各有一惧怕之物，有怕蛇而不怕蝦蟆[1]者，亦有怕蝦蟆而不怕蛇者。朕虽不怕诸样之物，然从来不以戏人。在怕虫之人见其所怕之虫，不顾身命，往往竟有拔刀者。如在大君[2]之前，倘出锋刃，俱系重罪。明知此故，而因一戏以入人罪，亦复何味？尔等留心切记可也！

【注释】

①蝦（há）蟆：也写作虾蟆、蛤蟆。青蛙和蟾蜍的统称。

②大君：天子的别称。

【译文】

训言说：每个人都有一样所惧怕的东西，有的人怕蛇而不怕蛤蟆，也有的人怕蛤蟆而不怕蛇。我虽然不怕各种人所惧怕的东西，但也从来不拿它们来戏弄人。害怕虫子的人看到平日所惧怕的虫子，会不顾自己的身家性命往往有拔刀自卫的。如果在天子面前，亮出锋刃，就是重罪。明明知道这个缘故，却因为一个戏耍人的动作而使人犯罪，这又有什么意思呢？你们一定要牢记这些。

【解读】

害怕某种东西的人，一旦看到自己害怕的东西，由于条件反射，会惊慌失措，从而做出反常的举动。拿对方惧怕的东西来戏弄人，其本意也许只是想吓唬对方一下。这虽然并非什么大错，但所造成的结果却难以想象。这种因戏弄人而造成不可挽回的过失的恶作剧行为，最好不要去做。在我们现实生活中，利用别人的惧怕心理戏弄人者不少，所造成的结果也轻重不同。一个小小的恶作剧本身无可厚非，关键是人们并没有对这种恶作剧的危害予以重视。康熙教训子弟的这一番言语，无疑给人们敲响了警钟，促使人们引以为戒。

社会科学

训曰：漆器之中，洋漆最佳，故人皆以洋人为巧，所作为佳。却不知漆之为物，宜潮湿而不宜干燥。中国地燥尘多，所以漆器之色最暗，观之似粗鄙。洋地在海中，潮湿无尘，所以漆器之色极其华美。此皆各处水土使然，并非洋人所作之佳，中国人所作之不及也。

人生斯世　相与周旋

训曰：子曰："吾非斯人[①]之徒与而谁与？"人生斯世，自少而壮，自壮而老，孰能一日不与斯世、斯人相周旋[②]耶？顾应之得其道，我与世相安；应之不得其道，则世与我相违。庄子曰："人能虚己以游世，其孰能害之？"此言善矣！

【注释】

①斯人：犹斯民，指生活在世上的人们。

②周旋：交际，交往。

【译文】

训言说：孔子说："我不和世上的人相往来，又和谁相往来呢？"人生活在这个世界之上，从不谙世事的少年到血气方刚的青壮年，再从青壮年到白发苍苍的老年，有谁能够不和这个世界、不和世上的人相往来呢？如果按照其本身固有的规律去适应它，那么我与这个世界就会相安无事；如果不能按照其本身的规律去适应它，那么就会与这个世界相违背。庄子说："人能够保持谦虚的内心优游于世，那么又有什么能够伤害到他呢？"这句话说得真好啊！

【解读】

人生在世，免不了要处在一定的社会环境之中，与一定的人打交道。像老子所说的"小国寡民，鸡犬之声相闻，老死不相往来"的社会是没有的。而且，一定的社会都有其存在和发展的规律，人要想与世相安，就必须去适应它。而不是老想着凭自己的能力去改变环境。在当今，有不少人心气浮躁，不想自己如何去适应复杂多变的社会，只是一味地埋怨社会不能满足自己的需求，结果却忽视了社会发展规律的客观性。所以，康熙的训言在今天看来，仍然对我们处理好人与人之间的关系、人与社会的关系有很大的启发。我们既然生活在这个世界上，处在一定的社会关系之中，就应当学会适应这个世

界，学会与各种各样的人打交道，从而顺适为安。

我朝旧制　多合经典

训曰：我朝旧制多合经书古典。满洲例：带马必以右手，牵犬必以左手。《礼记》即然。如斯类[1]者尽有。

训曰：我朝先辈老者虽未深通书史，然所行奇处极多：即如古有结绳[2]之政，我朝先辈奏事亦尝结带为记；古用木简、竹简书字，我朝今用绿头牌[3]、木牌。由此观之，凡圣人应运而兴者，所行自暗与古合，诚足异也！

【注释】

①斯类：此类，这一类。

②结绳：指结绳记事。文字发明之前，人们用来记事的一种方法。即在一条绳上打结，用以记事。

③绿头牌：又称绿头签。清代晋见皇帝的人，都用粉牌写自己的姓名、履历，牌头饰以绿色，故称绿头牌。

【译文】

训言说：我大清皇朝的旧制多与古代经书典籍相合。按照满洲的规定，牵马的时候一定要用右手，牵狗的时候一定要用左手。《礼记》中记载的就是这样，像这一类的有很多。

训言说：我大清皇朝的一些先辈老者虽然并不怎么精通书史，但他们的言语行动有很多奇特的地方：就像上古时期有结绳记事的方法，而我朝的先辈们也曾经用结带作为标记，古代曾经用木简、竹简来写字，而我朝现在用绿头牌和木牌。从这些来看，凡是圣人发明的应运而兴的事物，其所作所为会自然而然地与古代相吻合。这确实让人感到奇怪啊！

【解读】

清朝的旧制以及人们的生活习惯虽没有刻意学古，却有很多与古人暗合之处。这说明，经书古典所记载的人们的生活习惯，都是对当时人们生活的真实记录，这些生活习惯在人们的实际生活中世代相沿，一直传承到今天。因而，在生活方面仍保留着与古书记载一致的习惯，这是不足为奇的。与古代相比，我们今天的生活方式发生了天翻地覆的变化，但一些生活习惯仍然与古代有一致之处。这并非人们刻意学古，而是华夏五千年文化传统的文明使然。对于古代的文化传统与生活习惯，我们应当“取其精华，去其糟粕”，老祖宗的优良传统不能丢。

旧典古制　断不可失

训曰：我朝旧典，断不可失。朕幼时所见老先辈极多，故服食器用，皆按我朝古制，毫未变更[①]。今住京师已七十余年，居此汉地，八旗满洲后生微微染[②]于汉习者，未免有之。惟在我等在上之人常念及此，时时训诫。在昔金、元二代，后世君长因居汉地年久，渐入汉俗，竟如汉人者有之。朕深鉴此而屡训尔等者，诚为我朝之首务，命尔等人人紧记，着意[③]谨遵故也。

【注释】

①变更：改变，更动。

②染：熏染，影响。

③着意：留意，刻意。

【译文】

训言说：我大清那些旧的典章制度，千万不要随意丢掉。我年幼的时候见到的老前辈极多，因此所用的饮食器具，都是按照我朝的古制来定的，没有丝毫的变更。如今我们住在北京已经七十多年，长期居住在汉族人生活的地方，那些八旗的满洲年轻人稍微染上汉人的习俗，难免是有一些的。只有靠我们这些身在上位的人时常想到这一点，并且经常对他们多加训教。早在过去的金、元两代，后世君长因为长期居住在汉人地区，渐渐地被汉人的生活习俗所感染，甚至有的人生活习惯和汉人没什么区别。我之所以深深地以此为鉴，多次训教你们，实在是因为这是我朝的首要任务，所以严命你们每个人牢记，用心遵循。

【解读】

旧的典章制度都有其存在的合理性，有必要适当地予以保留。清代自从入主中原以后，满州贵族虽然受汉人的影响生活习惯有所改变，但其自身的民族特色与优长也有汉族和其他民族不及之处。所以，对于满族那些旧的典章制度，康熙强调“断不可失”。这不仅体现了他对旧的典章制度的高度重视，也反映了他高度的民族自豪感与优越感。如今，我们正是处在世界大融合的多元化时期，其他国家的思想文化、政治体制等强烈地冲击着国民的思想，影响着国民的生活。在这种情况下，我们更需要继承华夏民族自古以来的优秀传统，以自己本民族特有的面貌屹立于世界之林。

各国文字　语音相协

训曰：我朝清字[①]，各国语音俱可以叶[②]。太宗皇帝时，曾借蒙古字以代清文。后来奉敕谕学士达海[③]修饰蒙古字，加以圈点而撰清文。朕虑将来或有授受之讹，故特与高年人等搜辑旧语，制为《清文鉴》颁行之。既有此书，则我朝清字必不至于遗漏矣。

【注释】

①清字：即满文。

②叶：古同“协”，和洽。

③达海（1595—1632）：觉尔察氏，从其祖父时起，便跟随清太祖努尔哈赤参战，隶属满洲正蓝旗。达海自幼聪慧，精通满汉文。曾受命改进满文，使满文进一步得到完善，对新满文的发展作出了巨大贡献。

【译文】

训言说：我大清皇朝的文字，与各国的语言文字都可以相协韵。太宗皇帝在世之时，曾经借用蒙古文字来代替清朝文字。后来，学士达海奉诏修饰蒙古文字，加以圈点，从而撰成了新的满文。我考虑到将来在传授满文的过程中可能会产生错讹，因此特意与一些年老的人搜集、整理满洲的旧语，编纂成《清文鉴》一书颁布刊行。既然有了这部书广行天下，那么我大清皇朝的文字就一定不会遗漏了。

【解读】

满文之所以能和各国文字相协韵，是与它多借鉴其他语言分不开的。满族的前身女真族本没有自己民族的文字，后来借助蒙语和汉语文字创立了金文。皇太极废除女真改为满族后，特诏命达海等人修正满文，从而才有了新满文。现在的满文和蒙语都属于阿尔泰语系，因而在发音、语法方面具有一定的相通性。满文作为满族文化的代表文字，不仅是满族兴盛的标志，而且也是促进满族与其他民族交流与融合的基础，因而有必要普及与推广。

白素之物　最为吉祥

训曰：白素之物，最为吉祥。佛经中以白为净，故蒙古、西番僧众供佛，见贵人必进白绫手帕，以为贽见之礼[①]。且我朝一应喜庆筵宴，桌张亦必用素白布匹以为盖袱，此正古人“绘事后素”[②]之义也。

【注释】

①贽见之礼：见面礼，手执礼品求见。

②绘事后素：语出《论语·八佾》。意为先有白色的底子，才可彩绘。

【译文】

训言说：白色素净的东西是最为吉祥的。在佛经之中，把白色作为净的标志，故而蒙古、西藏等一些地方的僧众供佛，见到贵人一定要奉上白绫做的手帕，作为初次拜见尊长的礼物。而且我们大清皇朝所有的喜庆筵宴，桌面上也必须用质地素白的布匹当桌布，这正是古人所说的“先有白色的底子，然后再绘画”之意。

【解读】

颜色本身并不具有吉祥的意义，它之所以有吉祥之寓意，是由于不同的民族对颜色的喜好所致。我们汉族多以红色为吉祥，而满族、蒙古族以及西方一些国家则把白色作为吉祥之色。因此，在喜庆的场合，一些民族也多以白色装饰，诸如结婚穿白色的婚纱、餐桌上铺白色的桌布等。中国有句老话，叫“入乡随俗”。我们要尊重不同民族的生活习惯与喜好，以促进各民族乃至世界各国之间的团结和交流。

饮食均平　人人遍及

训曰：我朝满洲旧风，凡饮食必甚均平，不拘多寡[①]，必人人遍及，使尝其味。朕用膳时，使人有所往，必留以待其回而与之食。青海台吉[②]来时，朕闲话中间问伊等旧风，亦云如是。由是观之，古昔所行之典礼，其规模皆一，殆无内外远近之分也。

【注释】

①不拘多寡：不论多少，多少都可以。

②台吉：清代对蒙古贵族的封爵。其职位仅次于辅国公，分为四等，分别相当于一品官至四品官。台吉的名称源于汉语皇太子、皇太弟，是蒙古部落首领的一种称呼。

【译文】

训言说：我朝满族的旧风俗，凡是饮食必须使其分配均衡，多少不限，但一定要使人人都能得到，让大家都尝到食物的味道。我吃饭的时候，假如让人到什么地方去，一定要留下饭菜等待他回来吃。青海的台吉来朝的时候，闲谈中间我问他们那里的旧风俗，也说和这里一样。由此看来，过去所奉行的典礼制度，它在规模方面都是一样的，几乎没有内外远近的明显区别。

【解读】

食物均分，是远古时期自母系氏族以来就有的一种分配制度，后来随着私有制的出现，分配的多寡出现了偏差。尽管如此，这种平均分配的方式并没有消失，依然以各种形式存在。孔子曾言：“不患寡而患不均，不患贫而患不安。”东西不拘多少，分配均衡社会才能安定。我们当今社会也是这样，只有财物分配公平合理，人们能够安居乐业，才会少发怨言，使社会多一份安定。

出猎以时　休养生息

训曰：古人一年四季出猎，若此则人劳而禽兽亦不得遂[①]其生。朕一年两季行幸：春日水猎，欲人之习于舟楫也；秋日出哨[②]，欲人之习于弓马也。若此则人不劳，而禽兽亦得遂其生。是故我朝之兵甚强健，所向无敌者，实朕使之以时，而养之以节之所致也。

【注释】

①遂：顺应，符合。

②出哨：即行猎。打猎时吹哨以吸引猎物，故称狩猎为出哨。

康熙出游图

【译文】

训言说：古人往往一年四季都外出行围打猎，像这样非但人辛苦劳累，而且那些禽兽也难以适时生长。朕一年中两季出行，春天的时候猎取水中的鱼，是为了训练人们驾驭舟船的本领；秋天的时候外出行围狩猎，为的是让人学习骑马射箭之术。像这样适时出行人就不会疲劳，而那些禽兽也能够得到繁衍生息。因此我朝的兵丁之所以十分强健，所向无敌，实际是因为我按时使用他们，又有规律地使其得以休养生息并有所节制所致。

【解读】

自然界的物质资源是有限的，自然界生长的动物、植物也不例外。猎取动物，得让它有一个休养生息的过程，否则就不能保证资源的供给不绝。孔子云："节用而爱人，使民以时。"孟子云："数罟不入洿池，鱼鳖不可胜食也；斧斤以时入山林，林木不可胜用也。"康熙规定的一年中春秋两季的出猎方式与古圣贤保持生态平衡，实现自然资源的可持续利用的观念是一致的。这不仅使动物得到了应有的生长，而且也使人免除了劳累之苦。尤其是在大自然的生态平衡遭到严重破坏的今天，康熙所提出的"狩猎以时"论仍具有不可替代的指导意义和借鉴意义。如今，许多珍稀物种正在加速灭绝或正濒临灭绝。如何保护那些稀有的物种，为其提供合适的生存环境，严禁猎杀和捕捉，使其得以休养生息和繁衍，是我们这一代人所必须重视的。

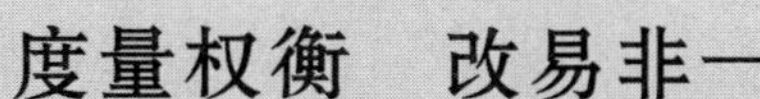

度量权衡　改易非一

训曰：《书》云："同律度量衡[①]。"《论语》曰："谨权量。"盖为禁贪风，除欺诈，所以平物价而一人情也。今市廛[②]之上，闾阎[③]之中，日用最切者，无过于丈尺升斗平法。其间长短大小，亦或有不同，而要皆以部颁度量衡法为准。通融合算，均归画一，则不同而实同也。盖以大同者定制度而随俗者便民情，斯为善政。自上古以迄于今，几千百年，度量权衡改易非一，苟一旦必欲强而同之，非惟无益于民生，抑且有妨于治道，此又不可不留心讲究者也。

【注释】

①度量衡：指用来计算长短、容积、轻重的物体的通称。度计算长短，量测量容积，衡计量轻重。度量衡的出现大约始于父系氏族社会末期，秦始皇时期得到统一。

②市廛（chán）：店铺集中的市区。廛，指市场上储存货物的房舍。

③闾阎：本指里巷内外的门。后泛指里巷，即街巷、胡同。

【译文】

训言说：《尚书》说：“统一了音律、度量衡。”《论语》说：“谨慎审定度量衡制度。”度量衡的发明，主要是为了禁止贪婪的风气，杜绝欺诈的行为，使物价趋于公平而统一人情。如今在店铺集中的市区与街巷之中，人们日常生活中使用最迫切的，没有比得上丈尺升斗平法的。而它们中间的长短大小，或许有一定的差异，但都是以户部所颁布的度量衡法为准。变通合算，平均归拢整齐划一，虽然有些小的差异而实质上却是相同的。能够从大的层面的相同作为标准来制定社会制度，同时随顺人们的风俗习惯以方便民情，这就是“善政”。从上古时期一直到今天，几千年来，度量衡几经改易，并不统一，如果一定要让它完全相同，非但对于国计民生没有什么好处，而且不利于国家治理，这又是不可以不留心研究的。

【解读】

度量衡的发明，不仅给人们的交易带来了许多方便，而且也使人们从此有了趋于公平的依据。数千年来，度量衡虽然屡经改易，使用的方法有所差别，但作为公平标准的依据这一点是相同的。只不过所谓的“同”是相对而言，再精确的度量衡仪器也有一定的误差，但只要不是误差得太离谱都是允许的。我们今天仍需要利用度量衡仪器来测量物体的长度、重量和质量，一些不法之人常常为了谋取更多的利益而私自更改度量衡仪器，从而给他人的财产造成一定的损失。这种行为是不道德的，它既违背了市场交易公平的原则，也不符合国家法律所规定的不得侵害他人财产的法规。因而，相关部门设定专门的测量仪器就显得尤为重要。康熙将度量衡的改制与使用纳入治国之道是有远见的，这对于我们今天的市场经济改革也是一个极好的借鉴。

占卜之学　源于五行

训曰：子平、六壬、奇门[①]等学，俱系后世人按五行生克，互相敷演[②]而成。其取义也，虽极巧极精，然其神煞名号，尽是人之所定，揆[③]之正理，实难信也。世人习某件即偏于某件，以为甚深且奥，以夸耀于人。朕于暇时亦曾究心此等杂学，以考其根源，一一洞彻[④]，知其不能确准，又焉能及古圣所传之大道耶？

训曰：河图顺转而相生[⑤]，洛书逆转而相克[⑥]，盖生者所以成其体，而克者所以宏其用。《大禹谟》："水、火、金、木、土、谷，惟修。"以五行相克为次第[⑦]，可见相克是五行作用处。今术数家或以相克取财官，或以相克取发用，亦此理也。

训曰：人之一生虽云命定，然而命由心造[⑧]，福自己求。如子平五星推人妻财子禄及流年月建，日后试之，多有不验。盖因人事未尽，天道难知，譬如推命者言当显达，则自谓必得功名，而诗书不必诵读乎？言当富饶，则自谓坐致丰亨，而经营不必谋计乎？至谓一生无祸，则竟放心行险，恃[⑨]以无恐乎？谓终身少病，则遂恣意荒淫，可保无虞[⑩]乎？是皆徒听禄命，反令人堕志失业，不加修省，愚昧不明，莫此为甚。以朕之见，人若日行善事，命运虽凶，而可必其转吉；日行恶事，命运纵吉，而可必其反凶。是故"命"之一字，孔子罕言之也。

【注释】

①子平、六壬、奇门：均为古代术数占卜学术语。子平，即"子平术"，古代以人的生辰八字与干支配对，来测算人的吉凶祸福的星命占卜术；六壬，古代用阴阳五行占卜吉凶方法之一，六壬指壬申、壬午、壬辰、壬寅、壬子、壬戌；奇门，古代术数的一种，其以十干中的乙丙丁为三奇，因而称为"奇门"。

②敷演：推演发挥。

③揆：度，揣测。

④洞彻：通晓，了解透彻。

⑤相生：相互滋生和助长。

⑥相克：互相制约与排斥。

⑦次第：次序，顺序。

⑧心造：为心所生。

⑨恃：依仗，依靠。

⑩无虞：没有忧患，平安无事。

【译文】

训言说：子平、六壬、奇门等占卜的学问，都是后世的人按照五行相生相克的原理，互相推演附会发挥而形成的。它们所取的义虽然极为精致巧妙，但是显示他们神通的名号，却都是人们来定的。用真正的理论来揣度它，实在是让人难以相信。世人对某种事物习以为常就会偏信于某种事物，认为它深不可测、奥妙无穷，并且拿来向他人夸耀。我在闲暇之时，也曾对这种杂学用心研究过，考察它们的根源，一一透彻了解，因此知道它们是不可靠不准确的，这怎么能和古代圣贤所传的正道相提并论呢？

训言说：河图顺向转动使事物互相滋生和助长，洛书逆向转动使事物互相制约与排斥。相互滋生与助长形成了事物的体态，相互制约与排斥使事物的作用进一步扩大。《尚书·大禹谟》说："水、火、金、木、土、谷，这六种事物关系到人们的生存，希望好好修治。"以五行相互制约和排斥为次序，可见相互制约与排斥是五行发生作用的关键所在。如今术数家们有时依据相互制约与排斥的道理来推算是否升官发财，有时根据相互制约与排斥的道理来检验所发挥的作用，也是对这一道理的进一步阐发。

训言说：人的一生虽然说是命中注定，但命运都是由人的心理作用造成的，要想得到幸福，主要还是靠自己去追求。像徐子平五星之类的星命之学，推测人什么时候娶妻生子、发财当官以及一生的运势，日后进行验证，很多都不应验。这大概是因为人世间的各种事物没有穷尽，客观自然界的发展规律千变万化、难以把握。譬如算命的人说你应当荣贵显大，就自认为必然功成名就，难道连诗书都不用诵读了吗？说你该当拥有连城之富，就自认为可

以不劳而获，用不着为生计谋划经营了吗？至于说一生无灾无祸，就可以心态安然地去做危险之事，有恃无恐吗？说一生很少生病，就肆意荒淫无度，这样能保证无忧无虑吗？这都是只听信福禄命运，反而使人堕落丧志，失去了成就功业的机会，再加上不自我修养反省自己，从而愚昧不明，可以说没有比这更厉害的了。以我的看法：人如果每天都做善事，即便是他的命运呈凶兆，也必然会转为吉祥；如果每天做坏事，即便他的命运呈吉兆，也必然会转为凶。因此，“命”这个字，孔子是很少提到的。

【解读】

占卜之学，源于金木水火土五行生克的理论。子平、六壬、奇门等学问，河图、洛书的顺逆，都与五行说有着密切的联系。占卜根据五行所推演的“命运”之说对于人的影响自不必言，但康熙能够对“命中注定”的说法提出质疑，认为命运都是由人的心理作用造成的，要想得到幸福主要还是靠自己去追求，这一点是值得肯定的。当今社会中，有一些人仍然把自己人生的坎坷与顺利归结于命运，消极待命，不思进取，结果是自己误了自己。人应该有敢于和命运抗争的精神，通过后天的努力改变自己的命运。

吉凶异道　不得相干

训曰：朕于凡事，必存心[①]分别吉凶，如简用大臣、升转职官本章，必置之于案，或置之于床。若夫刑部人命事件暂留中细阅者，必别置一处，决不与吉事[②]相参。朕于此等处如此留心者，吉凶异道，不得相干故也。

【注释】

①存心：故意，有意，怀有某种念头。出自《孟子·离娄下》：“君子所以异于人者，以其存心也。君子以仁存心，以礼存心。仁者爱人，有礼者敬人。爱人者，人恒爱之；敬人者，人恒敬之。”

②吉事：吉祥之事，古代指祭祀、冠礼、婚礼等。

【译文】

训言说：我对于所有的事情，一定会用心分别吉凶。例如选任大臣、调动职官的奏章，我一定把它们放置于几案之上，或者放在床架上。至于刑部送上来的关乎人命事件要暂时留在禁中以待详读的奏折，一定把它们单独放在一个地方，决不让它和记载吉事的文件混掺在一起。对于这类事情我之所以如此留心，是因为吉凶不同道，不能相互干扰的缘故。

【解读】

在中国人的传统观念中，吉凶不同道，因而需要分别对待。康熙在这方面严格归类的方法值得我们借鉴。在现实生活中，无论什么事情，都需要对它进行归类。这样处理起来就容易得多，不至于把不相干或者相互冲突的事情弄混。比如新婚邀请朋友赴宴的请帖、一般朋友交往的信件、亲友去世发出的讣告等，是绝不能掺杂在一起处理的。据新闻报道，江苏某地一家婚庆公司在为新人操办喜事时操作不慎，导致现场显示屏上出现遗像，引起不小的纠纷。可见，我们现代人虽然在处理具体事情的方式上与古人有很大不同，但在对待吉凶的观念上则是一致的。

吉凶之期　必选时日

训曰：吉、凶、军、宾、嘉五礼之期，必选择日、时者，乃古人趋吉避凶之义。《诗》曰："吉日维戊，吉日庚午。"《礼》曰："外事用刚日，内事用柔日①。"朱子注《孟子》曰："天时者，时、日、支干、孤虚②、王相③之属也。"要以五行之生克为用，干支之刑冲合会为断耳。世俗相沿已久，而吉凶之理推原于《易》，是故我等尊贵之人凡有出行移徙之类，自宜选择日、时。然而既用选择之日，则尤当用其选择之时，甚勿以日之吉而忽于时之吉也。选择家云："选日必当选时，吉日不如吉时。"正谓此也。

【注释】

①柔日：古代以干支纪日，凡是天干在乙、丁、己、辛、癸的日子称为

柔日。因其均属偶数，故而也称双日、偶日。反之，天干在甲、丙、戊、庚、壬的日子称为刚日，也称单日。

②孤虚：古代占卜用来推算时日的方法。天干为日，地支为辰，日辰不全即是孤虚。

③王相：星座名，即王良。《韩非子·饰邪》："此非丰隆、五行、太一、王相、摄提、六神、五括、天河、殷抢、岁星非数年在西也。"

【译文】

训言说：每逢举行吉、凶、军、宾、嘉这五礼时，一定要选择吉日和吉时，这是古人谋求吉利、躲避灾祸的意思。《诗经》说："戊日是吉利的日子，庚午也是好日子。"《礼记》说："出兵征讨之事宜选择单日进行，宗庙祭祀之事宜选择双日进行。"朱子为《孟子》作注说："所谓天时，是指时、日、地支、天干、孤虚、王相之类。"时日要以五行相生相克的作用为原则来选择，根据干支的相忌相杀与会合来断定。这种方法世俗相沿已久，然而，吉凶的推理根源于《周易》，因此我们这些地位尊贵的人，凡是有外出迁徙之类的事情，自应选择良辰佳日。然而，既然决定采用所选择的日期，更应当采用所选择的时辰，千万不要因为定了好日子就忽略了好的时辰。选择家说："选择日期一定要选择时辰，好的日子不如好的时辰。"说的正是这个道理啊！

【解读】

在日常生活中，每逢喜忧大事，人们总是要选择一定的日子来操办。这种风俗习惯相沿至今，已有数千年的历史。对于良辰吉日的选择，与占卜算命一样，都具有一定的迷信色彩。黄道吉日的推算，是通过天干、地支等进行推演，并附会其吉利与凶灾的意义。人们选择吉期谋求吉利、躲避灾祸，深深体现了人们对生活的美好追求和愿望。作为传统文化与风俗习惯的一部分，吉日的选择具有一定的历史文化价值和意义，但不应过于迷信和遵从。事情的成功与否，需要"天时、地利、人和"，需要人付出努力。功到自然成，功夫不到，日期再吉利也是枉然。

重视人命　深刻反省

训曰：昔时大臣久经军旅者，多以人命为轻。朕自出兵以后，每反诸己：或有此心乎？思之而益加敬谨焉。

训曰：盛京年例，俱系步围[①]。朕初次至盛京时，行围不远，即连见两三虎，步行人有被爪伤者，虽不致命，实视之不忍。本处将军、都统目为寻常[②]，朕遂深责之曰："田猎原为游豫[③]，今目睹伤人若是，何以猎为？今后步围永行禁止。"自是年至今已四十余年矣，不然被伤者何所底止[④]？此四十余年，所生全者岂少哉！

【注释】

①步围：徒步围猎。

②寻常：平常，普通。

③游豫：游乐。豫，欢喜快乐。

④底止：终止。

【译文】

训言说：过去，大臣之中那些久在军旅生活的人，大都把人的性命看得轻贱。我自从御驾亲征之后，每次都要深刻地反思：自己是否有这样的心理？只要想到这一点，就更加恭敬谨慎了。

训言说：盛京每年的惯例，都是徒步围猎。我第一次到盛京的时候，在离围场不远的地方，就接连看到两三只老虎，步行围猎的人有被老虎抓伤的，虽不致命，但看到这种情况，实在于心不忍。本地的将军、都统们都习以为常，我于是就严厉地责备他们说："田猎本来是为了游乐，现在看到老虎竟然把人伤成这样，何必要打猎呢？从今以后徒步围猎的活动永远禁止。"从那年算起至今已经四十多年了，不然这种被老虎伤害的现象如何能够终止呢？这四十多年中，因避免伤害而保全性命的人还少吗？

【解读】

《论语·乡党》记载：马棚失火，孔子退朝回来，说："伤人了没有？"不问马的情况。这个事例让我们看到了圣人对于他人生命的关爱。对人而言，没有什么比生命更为宝贵的了。行围打猎的目的，本来是为了娱乐。可一旦伤害到人，也就失去了娱乐的价值和意义。因为看到老虎伤人，康熙便下令禁止徒步围猎，从这一举措中可以看到他重视人的生命的一面。这一点是和那些久在战场上厮杀、把人的生命看得轻贱的将军们不同的。孟子曾言："惟仁者宜在高位。"以此来衡量康熙，可以说其身居高位当之无愧。这也提醒我们后世之人，"得人心者得天下"，而要想得到人心，首先要重视人的生命。一旦失去了生命，再宝贵的东西也就失去了存在的价值和意义。

使用鸟枪　小心谨慎

训曰：行围打牲[①]，必用鸟枪。而鸟枪火药最宜小心。大概一两火药可以烘动[②]二三间房屋；如或一斤，则其力不可言矣。我知之最切，且闻之亦多，是故训尔等用鸟枪时，各宜小心谨慎也。

【注释】

①打牲：满洲人将渔猎称为打牲。

②烘动：同"轰动"。震动的意思。

【译文】

训言说：行围打猎，必定要用鸟枪。而鸟枪所用的火药最需要小心注意。大概一两火药可以震动两三间房屋；如果有一斤，那么它的威力就不可言喻了。对于火药的性能，我是了解最为深切的，而且有关这方面的消息听到的也多，因此特意告诫你们在使用鸟枪之时，每个人都要小心谨慎，以防止事故的发生。

【解读】

火药的发明，确实给人们的生活带来了很大的方便，但也给人们带来了极大的危害。它所导致的战争的残酷自不必说，火药在其他方面的使用也具有很大的危险性，康熙在训言中提到的鸟枪的使用便是其中的一例。一旦火药使用过量，所造成的后果不堪设想。所以，康熙特意告诫子孙，要小心谨慎，以防事故的发生。如今我们虽然不用鸟枪围猎，但其他方面也免不了要使用火药。诸如节日或者盛大的庆典所用的礼炮、焰火等，一旦使用不当，也会给人们的生命与财产带来危害。因而，我们也需要时时警惕，以防因燃放鞭炮等物不当而造成意想不到的伤害。

洋漆华美　水土使然

训曰：漆器之中，洋漆最佳，故人皆以洋人为巧，所作为佳。却不知漆之为物，宜潮湿而不宜干燥。中国地燥尘多，所以漆器之色最暗，观之似粗鄙。洋地在海中，潮湿无尘，所以漆器之色极其华美。此皆各处水土使然，并非洋人所作之佳，中国人所作之不及也。

【译文】

训言说：在漆器当中，洋漆是漆得最好的。所以，人们都认为洋人心灵手巧，制作出来的东西质量好。却不知道漆这种东西，适宜潮湿而不适宜干燥。可中国土地干燥，再加上灰尘又多，因而漆器颜色最暗，看起来好像粗糙鄙陋。而洋人的国家地处海中，空气潮湿，又很少有灰尘，所以漆器的颜色看上去极其华美。这都是由于各地的水土不同所造成的，并非洋人造出来的东西很好，中国人做出来的东西不如他们。

【解读】

各地所出产的东西，与当地的气候、水土条件有着密切的关系。漆器也是这样，洋人的漆器之所以看起来比中国的好，是由于水土条件的不同造成的。康熙的观点对于盲目崇洋媚外的思想是一个有力的回击。凡是外国的东西都是好的，这种思想不仅在康熙时代，而且在科学技术飞速发展的今天，都颇具有影响力。尤其是在当今，各种“洋货”流入中国市场，与古代相

比，盲目崇外的现象更是有过之而无不及。甚至于连“洋垃圾”也受到青睐，这是不应该的。我们应当重视国货，中国的产品不一定都比外国差。

学人技术　重在方法

训曰：明朝末年，西洋人始至中国作验时之日晷①。初制一二时，明朝皇帝目以为宝而珍重之。顺治十年间，世祖皇帝得一小自鸣钟以验时，刻不离左右。其后又得自鸣钟稍大者，遂效彼为之。虽能仿佛其规模而成在内之轮环，然而上劲之法条未得其法，故不得其准也。至朕时，自西洋人得作法条之法，虽作几千百，而一一可必其准。爰将向日②所珍藏世祖皇帝时自鸣钟尽行修理，使之皆准。今与尔等观之。尔等托赖朕福如斯，少年皆得自鸣钟十数，以为玩器，岂可轻视之！其宜永念祖父所积之福可也。

【注释】

①日晷（guǐ）：本义是太阳的影子，这里指利用太阳投射的影子来测定时刻的装置，又称“日规”。

②爰：于是。向日：往日，从前。

【译文】

训言说：明朝末年，西洋人开始在中国制造检验时刻的仪器日晷。仅仅做了一两个时辰，明朝皇帝便把它看成宝物而倍加珍爱。早在顺治十年，世祖皇帝得到了一个用来验时的小自鸣钟，时刻带在身边。后来，又得到一个自鸣钟，比原来的稍微大一点，于是就仿效它来制作。虽然能做成和它的内里规模相似的齿轮，但是却没有得到作为动力

自鸣钟（选自《皇朝礼器图式》）

的发条的做法，所以计算时间并不准确。到我的时候，幸而从西洋人那里得到了制作发条的方法，虽然做了几千几百只自鸣钟，但每一只自鸣钟的时间都走得很准确。于是就把以前所珍藏的世祖皇帝时留下的自鸣钟全部拿来修理，使它们全都很准了。今把这些拿给你们观看。你们托赖我如此之大的福气，在你们少年时就能够得到十几个自鸣钟，把它作为你们的玩具，怎么可以轻视它呢！你们应该永远记住祖辈和父辈们所积下的福报才可以。

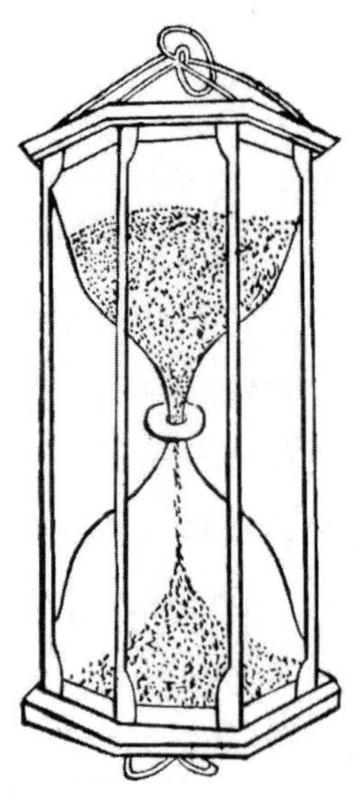

玻璃漏（选自《舟车所至》）

【解读】

学习别人的技术，关键在于得法。只有方法对头，才能真正得到别人的技术。否则，外在的形状模仿得再像，也只是一个摆设，不能发挥实际的作用。康熙制作自鸣钟的成功，不仅解决了中国人依赖外国进口时钟的难题，而且也说明中国人的聪明才智并不亚于外国人。外国人能做的，我们中国人也可以做。尤其是在高科技飞速发展的今天，我们中国的科技发明也在国际上占据着重要的一席之地，许多高科技产品走向了世界。从这一点来说，中国人的聪明才智是举世瞩目的，我们完全可以自信地对外国人说：“我骄傲，因为我是中国人。”

参考文献

［1］［清］雍正皇帝，辑录整理．圣祖仁皇帝庭训格言（钦定四库全书荟要本）［M］．长春：吉林出版集团有限责任公司，2005.

［2］［清］康熙，著；唐汉，译．庭训格言：康熙家教大全［M］．乌鲁木齐：新疆人民出版社，2001.

［3］［清］康熙，撰；陈生玺，贾乃谦，注译．庭训格言［M］．郑州：中州古籍出版社，2010.

［4］周殿富，点校新编．圣祖仁皇帝庭训格言：康熙圣思录［M］．北京：北京时代华文书局，2013.

［5］［清］阮元，校刻．十三经注疏［M］．北京：中华书局，1980.

［6］［宋］朱熹，撰．四书章句集注［M］．北京：中华书局，1983.